기후위기시대

에너지 이야기

기후위기시대
에너지이야기

초판 1쇄 발행 2020년 10월 7일
2쇄 발행 2021년 11월 10일

지은이 박춘근
펴낸곳 크레파스북
펴낸이 장미옥
기획·정리 정미현
디자인 디자인크레파스

출판등록 2017년 8월 23일 제2017-000292호
주소 서울시 마포구 성지길 25-11 오구빌딩 3층
전화 02-701-0633
팩스 02-717-2285
이메일 crepas_book@naver.com

인스타그램 www.instagram.com/crepas_book
페이스북 www.facebook.com/crepasbook
네이버포스트 post.naver.com/crepas_book

ISBN 979-11-89586-20-1(03500)
정가 14,000원

이 도서의 국립중앙도서관 출판예정도서목록은 서지정보유통지원시스템 홈페이지(http://seoji.nl.go.kr)와
국가자료종합목록 구축시스템(http://kolis-net.nl.go.kr)에서 이용하실 수 있습니다.

기후위기시대

에너지 이야기

글_박춘근

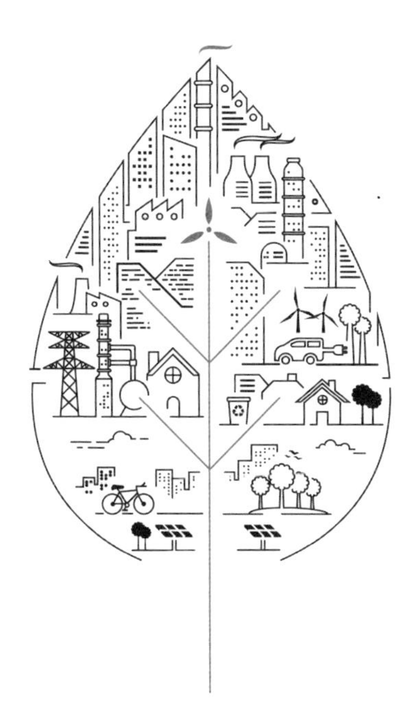

크레파스북

현장에서 만나는 에너지,

그 안에서 찾는

우리의 오늘과 내일

프롤로그

요즘 부쩍 살아 있는 것이 꿈꾸는 것 같다는 생각이 자주 든다. 장자 호접지몽의 경지는 아니다. 그저 현실과 꿈의 구별이 왜 이리도 애매한 것인지. 꿈이 현실인지 현실이 꿈인지. 어린아이가 꿈꾸듯 인생을 훌쩍 살아온 것 같다는 느낌이랄까.

1991년 2월, 걸프전쟁이 막바지에 다다르며 국제유가가 폭등했다. 전쟁의 여파로 전 세계적으로 에너지 위기 상황이 팽배해질 무렵, 29살 청춘이 한국에너지공단(이하 공단)에 입사했다. 그리고 30년이 훌쩍 지났다. 꿈같이 지나온 세월에 새삼 무상함을 느낀다. 우리나라 에너지전문기관 공단에서 그간 근무하면서 겪었던 많은 일들이 뇌리를 스쳐간다.

생각해보면 꽤 오랫동안 홍보, 교육, 간행물 출판, 에너지협력 관련 일을 수행했다. 그런데 입사 초기, 인문학부 출신인 필자에게는 에너지 분야 업무가 매우 생소하게 다가왔다. 그리고 일반 국민을 대상으로 하는 홍보, 교육 콘텐츠도 너무 딱딱하고 어렵게만 느껴졌다. 어떻게 하면 에너지 분야 홍보와 교육 콘텐츠를 일반인이 보다 알기 쉽게 풀어낼까. 많이 고민했다.

그러던 중 1990년대 후반 홍보실 근무 시절, 우리나라 교양만화의 전설이라 할 수 있는 이원복 교수의 《먼나라 이웃나라》가 새삼스레 마음에 강렬히 꽂혔다. 이런 형식을 에너지 분야 홍보에 적용해보면 어떨까? 가능성을 타진해 보았다. 그런데 누가 하지? 결론은 '직접 해보자!'였다.

주제를 정하고 관련 자료를 수집해서 스토리를 구상하고 만화를 그려보았다. 어린 시절, 가정 형편상 미술대학 진학의 꿈을 내려놓은 한(?)을 여기서나마 풀어보자! 그래서 '에너지만평'이라는 나름 독창적인 에너지 교양만화를 탄생시켰다. 먼저 공단 홈페이지를 통해 발표했다. 당시 '에너지만평'은 전문 만화가나 작가가 아닌 에너지공단 홍보실 젊은 직원의 작품으로, 참신한 시도에 주위의 큰 호응이 있었다.

'에너지만평'은 일반인에게 어렵고 딱딱하게 인식되는 기후변화와 환경, 에너지문제, 신재생에너지 분야 등 시사 이슈 및 정책동향 등을 주로 다루고 있다. 에너지를 주제로 많은 내용을 축약해 알기 쉽게 요약한 8컷 만화 형식의 교양만화다.

지금까지 직접 제작해서 에너지공단 홈페이지와 유관 잡지, 단행본 등 여러 매체를 통해 약 200여 편 발표했다. 직장생활에서의 고유 보직 업무를 수행하느라 시간 내기가 어려웠지만 틈틈이 시간을 쪼개 자료를 수집하고 스토리를 입히고 그림을 그려내느라 지나간 세월에 비해 많은 작품을 만들어 내지 못한 아쉬움은 남아 있다.

20여 년이 지난 오늘날, 주위에서 이를 지켜본 회사 동료들과 지인들로부터 "그간 발표한 에너지만평과 에너지 관련 기고문, 칼럼 등을 잘 가다듬어 단행본으로 출간해보면 어떻겠느냐?"는 제의를 받았다. '재미있고 의미 있는 일'이라는 생각이 들어 약 1년 전부터 기획하고 틈틈이 준비했다. 그래서 이렇게 드디어 《기후위기시대 에너지이야기》라는 타이틀의 단행본으로 출간하게 된 것이다.

시중에 외국의 저명한 학자의 번역본이나 국내 에너지 분야 전문가, 작가의 서적들은 대부분이 일반인이 접하기에는 너무 어렵고 문턱이 높아 보였다. 그래서 에너지 분야의 핵심 내용을 다소 피해 가더라도, 체계성과 전문성은 다소 부족해 보여도, 일반인들이 쉽게 관심을 갖고 접근할 수 있도록 에너지 분야 언저리(?)를 건드리는 정도의 가벼운 내용으로 만들고 싶었다.

따라서 에너지 관련 통계 수치나 법률, 신재생에너지와 원자력 문제 등의 내용은 의도적으로 가급적 최소화했다. 기후변화시대 일반인의 교양도서로 누구나 부담 없이 읽을 수 있는 칼럼 모음 정도의 수준으로. 그럼에도 불구하고 막상 그 의도에 부합했는지에 대해서는 아쉬운 마음이 크다.

모쪼록 여러모로 부족한 내용이지만 기후위기시대, 우리가 살아가는 이 세계의 지속가능발전을 꿈꾸는 마음으로 많은 사람이 기후변화와 에너지 문제에 관심을 갖고 오늘의 의미 있는 실천을 견인하는 데 일조하기를 바라는 마음이다.

2020. 10

박 춘 근

들어가는 글

2018년 세상을 뜬 천재 물리학자 스티븐 호킹은 인류가 직면한 위협으로 소행성 충돌과 함께 기후변화, '팬데믹(Pandemic. 전염병 대유행)' 등을 들었다. 그러면서 "인류가 이를 피해 멸종을 면하려면 100년 내 다른 행성으로 이주해야 한다"는 주장을 폈다고 한다.

2년이 지난 2020년. 세계는 우울하다. 코로나19 확산으로 공포에 떨고 있다. 많은 사람이 마스크를 쓰고 다닌다. 마치 SF영화의 한 장면에 서 있는 것 같다. 참혹한 현실이다.

스티븐 호킹이 지적한 인류가 직면한 위협 요건 중 소행성 충돌은 우리 인류가 어찌할 수 없는 영역이라 할 수도 있겠다. 허나 기후변화와 '팬데믹'은 다르다. 인간의 오만함과 탐욕이 야기한 '자연의 복수'라고 말하는 사람이 많다.

코로나19는 인수공통감염병이다. 사람과 동물 사이에서 상호 전파되는 병원체에 의한 전염병이다. 인수공통감염의 72%는 가축이 아니라 야생동물에서 유래한다고 한다. 야생동물은 우리가 통제할 수 없는 생태계의 영역에 속한다. 그런데 인간은 이미 통제할 수 없는 영역으로 들어갔다. 생태계가 파괴된 영역에서 숙주인 박쥐, 낙타 등 야생동물을 통해 신종 바이러스가 사람에게 감염된다. 에이즈, 조류독감, 사스, 에볼라, 메르스, 코로나19를 포함해 현재 알려진 감염병의 60%가 인수공통감염병이라 한다.

감염병의 종류가 다양해지면서 발생 주기는 갈수록 짧아지고 전파속도는 갈수록 빨라지고 있다. 2002년 발생한 사스(급성호흡기증후군)는 약 8,000명 감염에 774명의 사망자를 냈다. 2009년 신종플루는 미국에서 유행한 지 한 달 만에 34개국으로 퍼졌고, 결국 전 세계 대부분의 국가로 번졌다. 163만 명 감염에 2만 명 이상의 목숨을 앗아갔다. 에볼라는 2014년에 서아프리카에서 창궐해 1만 명이 사망했다. 이후에도 2015년 메르스(중동호흡기증후군), 2016년 중남미 아프리카 등지로 확산된 지카바이러스, 그리고 오늘날 2020년 코로나19로 이어지고 있다. 이러한 바이러스의 출현과 전파의 원인은 생태계 파괴와 함께 보다 근원적인 문제가 연관되어 있다. 그것은 바로 기후변화다. 전 세계적으로 급속히 진행되고 있는 기후변화 문제와 깊게 연관되어 있다는 것이다. 예를 들면 기후변화로 지구 온도가 올라가면 모기 등 곤충 매개 감염병이 확산될 수 있다. 더운 지역, 모기 서식지가 확대되면서 모기가 몰고 다니는 바이러스도 함께 온다.

의학 전문지 《랜싯》의 2019 연례보고서에 따르면 기후변화로 인해 질병을 전파하는 모기가 번식하기 적합한 환경이 조성되어가고 있다고 한다.

폭염 등 이상기온 현상은 영구동토층을 녹여 그 안에 갇혀 있던 병원체를 깨운다. 실례로 지난 2016년 시베리아 툰드라지대 순록 2,300여 마리가 탄저균에 감염되어 떼죽음을 당했다. 그리고 생태계 파괴로 서식지를 잃은 야생동물들은 점차 인간의 영역으로 들어온다. 인간과 야생동물의 잦은 접촉은 신종 전염병 발병 가능성을 높인다. 야생동물이 가지고 있지만 인간에게 노출된 적 없는 신종 바이러스가 점차 도시로 침투하는 것이다. 더욱이 매우 우려스러운 일은 인류가 과학의 힘으로 이번 코로나19를 극복해낸다 해도 생태계 파괴와 기후변화를 야기하는 행위들을 근절하지 않는 이상 팬데믹은 계속 나타날 것이라 한다. 더욱 강력한 놈이 되어. 이렇듯 신종 바이러스가 계속 출현하고 있는 상황에서 인간과 바이러스 간 투쟁 과정에서 치료약이나 백신이 듣지 않는 슈퍼 바이러스 등장이 인류 생존의 새로운 위협으로 부상하고 있다. 인간이 초래한 기후변화, 환경 생태계 파괴가 인류 파멸이라는 부메랑으로 돌아오고 있는 셈이다.

자! 그렇다면 이러한 위기 상황에서 우리는 앞으로 어떻게 대처해 나가야 하나?

필자는 지난 30년간 우리나라 에너지 공공기관에서 근무하면서 기후변화와 우리 인류의 지속가능발전을 위한 여러 가지 정책과 노력 경과를 지켜보았다. 스웨덴의 10대 환경운동가 그레타 툰베리와 같은 반향을 불러일으키지는 못할지라도 이 책을 통해 나름대로 다음과 같이 주장하고 싶다.

국제동물보건기구(OIE)도 "기후와 환경변화는 가축전염병 발생에 상당한 영향을 미치는 요인"이라고 강조하는 등 현재의 전 세계적 감염병 증가를 비롯한 위기 상황의 가장 큰 원인이 지구온난화로 인한 기후변화라고 전제할 때, 우리가 우선적으로 해야 할 일은 지구온난화를 야기하는 온실가스 배출을 줄여나가는 것이다. 온실가스 배출 증가의 원인은 쓰레기 증가, 무분별한 벌목 등 여러 가지가 있겠지만 석탄, 석유, 가스 등과 같은 화석에너지의 사용 증가가 가장 큰 원인으로 보고되고 있다.

그렇다면 현대를 살아가는 우리에게 던져지는 시사점, 그리고 의식 전환의 문제, 화석에너지 사용을 줄일 수 있는 방안은 무엇일까?

이 책에서는 이러한 문제의식과 실천 방법 등에 대해서 건축물, 교육 문화 생활, 기후 변화, 신재생에너지, 미래 에너지신산업 등 분야별로 사례를 들어가며 조목조목 설명해 나갈 것이다. 필요할 경우 참고자료를 첨부해 상세 내용을 설명할 것이다.

모쪼록 이 글을 쓰고 있는 지금부터 책이 출간되는 시점, 아니 그 전에라도 하루속히 코로나19 감염병이 완벽히 이 땅에서 사라져주기를 바라는 마음이 간절하다. 우리가 더욱 강력해져가는 팬데믹이 지구에 다시는 나타나지 않도록 실질적인 행동에 적극 나서는 '나비의 작은 날갯짓'이 되어주기를 바란다.

목차

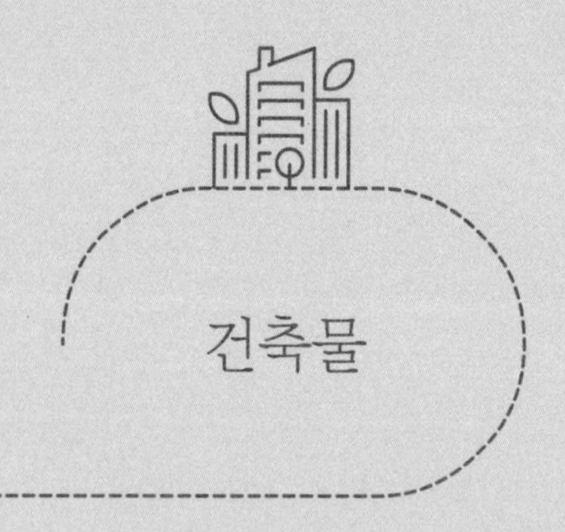

건축물

세계적으로 산업, 건축물, 수송 분야 중 건축물이 에너지를 가장 많이 소비한다.
디자인계의 세계적 거두 위리에 소타마는 “지구의 운명은 건축디자이너의 손에 달렸다.”며
건물의 친환경 녹색화 추진의 필요성을 강조했다.
건축물의 에너지 효율 향상은 탄소배출 저감을 위한 매우 효과적인 수단이다.

part 1

에너지는 가까이 있다

그 하룻밤의 차이

#scene 1

20××년 12월, 어느 날 저녁, 독일 프랑크푸르트.

사업가 P씨는 바이어와의 사업협의를 마치고 호텔로 향한다.

독일 철학자 임마누엘 칸트를 키워낸(?) 특유의 음산하고 습한 냉기가 뼛속까지 전해온다. 빡빡한 일정에 파김치가 된 몸을 이끌고 어서 빨리 호텔에 달려가 따뜻한 방에서 잠을 푹 자고 싶은 마음뿐.

그런데 호텔에 도착해 로비에서부터 복도를 지나 객실의 문을 여는 순간, 온기는커녕 스산한 기운이 온몸을 감싼다. 얇은 잠옷 하나 걸치고 잠을 청하는데 도대체 잠이 오지 않는다. 이불을 덮었지만 코가 시리다. 특급호텔은 아니지만 그렇다고 싸구려 숙박업소는 아닌 것 같은데……. 독일에 처음 출장 온 P씨의 입장에서는 선뜻 이해되지 않는다.

다음날 독일 현지인에게 어젯밤 얘기를 했다. 두터운 스웨터를 껴입고 있던 독일인이 웃으며 하는 말.

"Warum besteht Kleidung?(옷이란 게 왜 있어요?)"

#scene 2

20××년 12월, 어느 날 저녁, 제주도 A호텔.

대학교수 L씨는 학계 세미나를 마치고 객실에 들어왔다. 순간 숨이 헉 차오른다. 지나친 난방 때문이다. 난방온도를 조절하려 해도 조절 방법을 안내하는 매뉴얼을 찾아보기 어렵다.

조절기 사용 방법을 몰라서 끙끙거리다 할 수 없이 창문을 열어 놓고 속옷 차림으로 잠을 청하기로 한다. 제주도에서의 어느 겨울 밤, 남국의 정취를 땀으로 흠뻑 체험했다.

물론 매우 극단적이고 과장된 사례다. 우리가 맹목적으로 서구 유럽을 따라갈 필요는 없다. 하지만 그들에게서 우직하리만큼 철저한 절제와 근검절약의 정신만은 우리 개개인이 마땅히 배워야 할 덕목이라 생각된다.

사실 오늘날 우리가 거주하는 건물에서의 생활 행태를 보면 항상 에너지를 편리하게 쓸 수 있어서 그런지 너무도 헤프게 사용하는 경향이 있다.

한겨울에 집 안에서 반바지 차림으로 지낼 정도로 난방을 하고, 사무실에서는 얇은 옷차림으로 근무하는가 하면 백화점의 직원들은 아예 반팔로 근무하고 내방객은 겉옷을 벗고 손에 들고 다녀야 할 정도로 과난방을 하고 있는 모습.

요즘은 찾아보기 어렵지만 불과 10여 년 전까지만 해도 심심찮게 볼 수 있었던 모습이다. 오늘날 국민 의식수준이 선진화됨에 따라 이에 대한 많은 개선을 보이고 있다. 그러나 아직도 일부 아쉬운 장면을 목격하는 경우가 가끔 있다.

실내온도를 1℃만 낮추어도 에너지 7% 정도를 절약할 수 있다는 사실을 아시는지? 경제적으로도 큰 이득이 될 뿐 아니라, 우리의 건강에도 도움이 된다. 과난방으로 인한 실내 공기의 건조함이 감기의 직접적인 원인이 되는 경우가 많다고 하니 말이다. 실내 적정온도 유지로 에너지를 절약하고 건강도 챙길 수 있으니 이것이 바로 일석이조 아닌가.

필자는 기후변화로 인한 재앙을 막을 수 있는 방법에 대한 질문을 지인들로부터 자주 받는다. 그때 필자는 "오랜 시간 지속적으로 기후변화에 영향을 미칠 인간의 생활방식을 친환경적으로 바꾸는 것이 가장 중요할 것"이라 말한다. 거창하게 들리지만 너무도 당연한 말이다.

세계적인 컨설팅 회사인 맥킨지는 건물 에너지 효율 향상을 위한 조치들이 세계적으로 탄소 배출 저감을 위한 가장 저렴하고 비용 효율적인 수단 중 하나라고 밝힌 바 있다. 사람이 거주하는 건물은 신축에서 해체까지 최소 30년, 길게는 수백 년 동안 전 생애에 걸쳐 에너지를 소비하고 이산화탄소를 배출하기 때문이다.

우리나라의 건물 에너지 사용량은 2018년 기준 국내 에너지소비의 20%를 차지하고 있다. 장기적으로는 선진국 수준인 40%까지 증가할 것으로 예상된다. 참고로 한국에너지공단 자료에 따르면 산업 61.7%, 건물 20%, 수송은 18.3% 순이다.

따라서 건물 부문의 에너지 절약을 위해서는 입주 후 합리적인 에너지 사용과 함께 신축 시 에너지 저소비형 설계가 매우 중요하다.

무엇보다 원천적으로 에너지를 적게 사용하고 고효율 기기를 사용하도록 건물을 지어야 한다. 우리나라의 건축물 설계 기준은 특히 에너지 성능을 좌우하는 단열, 유리창 등에서 아직은 선진국을 따라가지 못하고 있는 형편이다. 독일의 초에너지 절약 건물인 패시브하우스를 살펴보자.

패시브하우스의 사전적 의미는 '수동적(passive)인 집'이라는 뜻으로, 고단열 고기밀 공법을 적용해, 진공보온병같이 건축물 내부와 외부 에너지 흐름을 차단해 화석연료를 거의 사용하지 않고 실내온도를 유지한다. 능동적으로 태양열, 지열 등 에너지를 외부에서 끌어 쓰는 액티브하우스에 대응하는 개념이다.

패시브하우스는 겨울에는 실내온도를 약 20℃, 한여름에는 냉방시설을 사용하지 않고 약 26℃를 유지할 수 있다. 에너지 사용량을 일반 하우스의 10분의 1까지 줄일 수 있다. 1991년 독일 다름슈타트에 첫선을 보인 후 유럽을 중심으로 빠르게 확산되고 있으며, 오스트리아 빈에 세계 최대 패시브아파트 단지인 '유로 게이트'를 짓는 등 공동주택에도 적극 적용하고 있다.

패시브하우스는 약 200㎜의 고성능 단열재를 사용하며, 유리창도 로이 유리의 2중창 또는 로이 코팅과 아르곤 가스를 충전한 3중 유리로 시공함으로써 내부 열의 유출을 최대한 차단한다. 제곱미터당 연간 1.5ℓ 정도의 에너지만을 사용하고 있다. 우리나라 아파트의 경우에는 제곱미터당 연간 약 3ℓ 정도를 사용하고 있어 큰 차이를 보이고 있다. 따라서 기존 아파트 유리창을 2중창으로만 해도 약 20%의 에너지를 절약할 수 있다.

물론 우리 정부도 신축 건축물 에너지 성능 강화, 기존 건축물의 녹색화 촉진 등에 많은 힘을 기울이고 있다. 2019년 제2차 녹색건축물 기본계획을 수립(계획기간 2020~2024년)하고, 신축 건축물의 제로에너지 실현을 위해 패시브 건축물 수준으로 단열기준을 강화하고 공공 부문의 제로에너지 건축물 의무화 시행과 민간 부문으로의 단계적 확대를 추진해나갈 예정이다.

또한 노후 건축물의 그린 리모델링을 활성화하기 위해 공공 부문의 선도적 역할을 강화하고, 그린 리모델링 참여 유도를 위한 세제지원 등 신규 인센티브를 지속 발굴해 민간 부문으로 확산할 예정이다.

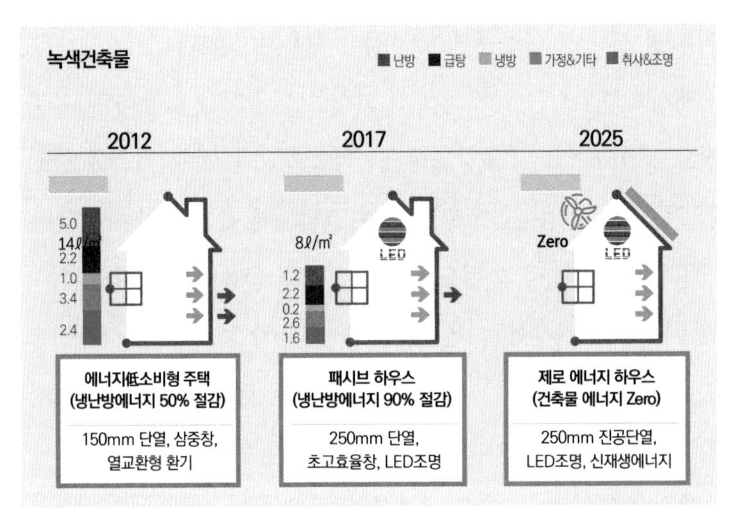

출처: 한국에너지공단

한편 에너지사용량이 많은 병원, 호텔, 백화점, 대형마트, 학교 등의 참여형 녹색화운동도 적극 추진하는 추세다. 이제 민간의 대형 건물들도 녹색건축물 마크를 부착하고 지속적인 에너지 성능 개선 활동을 해 고효율 건축자재의 수요를 발생시켜야 한다. 이를 통해 낮아진 공급 비용이 또 다른 수요를 창출하는 선순환 구조의 시장 조성에 첨병 역할을 할 건물 녹색화사업을 적극 전개해감으로써 건축 경기에 활력을 불어넣어야 한다.

흔히 건축물을 '생활을 담는 그릇'이라고들 말한다. 이는 건축물이 시대적 상황을 반영한, 그 시대의 상징적인 존재로서의 가치를 내포하고 있다는 말이다. 디자인계의 세계적 거두 위리에 소타마(전 핀란드 헬싱키예술디자인대학교 총장)는 "지구의 운명은 건축디자이너의 손에 달렸다."며 건물의 친환경 녹색화 추진 필요성을 강조한 바 있다.

이제 건물을 새로 지을 때는 에너지 비용을 적극 고려해 설계하고 일상생활 속에서 에너지 절약을 생활화하는 것이 기후위기시대를 살아가는 세계시민으로서의 도덕적 책무라는 인식이 절실하다. 더불어 이를 뒷받침하는 강력한 정책, 그리고 친환경적 생활방식 정착을 위한 사회 공동의 합의와 실천 노력이 필요한 때다.

제로에너지빌딩의 녹색 혁명

돌발퀴즈 하나.

세계적으로 산업, 건축물, 수송 분야 중에서

에너지를 가장 많이 소비하는 분야는?

답은 건축물 분야다.

2017년 기준으로 전 세계 최종에너지소비 중 건축물 건설과 운영이 차지하는 비중은 36%. 에너지 부문 온실가스 배출의 40%를 차지해 가장 많은 비중을 점유한다. 또한 건축물 분야는 에너지 서비스 수요가 매우 빠르게 증가해 2010~2017년 에너지 소비는 약 5% 증가했다. 또한 2010년 기준으로 1971년과 대비해서는 2배나 증가했다.

IEA 2013, IPCC 2014 보고서에 따르면 에너지 효율 향상이 되지 않을 경우 건축물과 에너지사용 설비의 지속적인 증가로

2050년까지 50% 증가가 예상된다. 이에 최근 건물에너지 절감 및 온실가스 감축에 획기적으로 기여할 수 있는 혁신적인 건물로서 제로에너지빌딩에 대한 관심이 점차 높아지고 있다.

원래 제로에너지빌딩이란 건물 내의 에너지 소비량과 자체적 생산량의 합이 최종적으로 '0'이 되는 건물을 일컫는다. 제로에너지빌딩은 목적과 관점에 따라 다양하게 정의되고 있으나, 건물의 단열 성능을 최대한 강화하고 건물 운영에 필요한 에너지의 20% 이상을 신재생에너지로 충당하는 건물을 말한다. 냉난방, 급탕, 조명, 환기 등에 고효율 설비를 적용해 일반 건물 대비 70% 이상 에너지 손실을 줄인다. 한편으로는 자체적으로 태양광, 지열시스템 등을 통해 에너지를 생산해 건물의 에너지 자립 수준을 높인 획기적인 에너지 절약형 친환경 건축물이다.

우선 에너지 효율을 높이기 위해서는 건축물의 에너지 요구량을 최소화하는 패시브 기술이 필요하다. 여기에서 패시브(Passive)는 단어 뜻 그대로 수동적으로 집의 단열을 높여 집 안의 온기가 밖으로 새어나가지 않게 하는 공법을 쓴다는 의미다. 패시브 기술에는 고단열, 열의 이동을 차단하는 열교 방지, 고효율 창호, 기밀, 햇빛의 양을 조절하는 일사제어, 효율적 배치 등이 있다.

그리고 에너지를 자체 생산하는 액티브(Active) 기술이 필요하다. 이 또한 단어 뜻 그대로 능동적으로 집의 에너지를 올려준다는 의미다. 이에는 고효율의 폐열 회수, 제습, 냉난방, 급탕 기기, 효율적 시스템 운전 등의 기술이 필요하다. 또한 에너지 자립률을 갖추기 위해 신재생에너지 기술이 필요해진다. 이를 위해서는 태양광, 태양열, 지열, 연료전지 등이 필요하나, 에너지 요구량이 최소화된 공간을 효과적으로 냉난방하기 위한 시스템 기술이 적극적으로 요구된다.

제로에너지빌딩의 목표인 에너지 제로에 도달하기 위해서는 기존의 일반 건축 기술을 훨씬 뛰어넘는 최고의 패시브 기술, 액티브 기술, 신재생에너지 기술이 필요하다. 최첨단 산업기술에 의한 최첨단 제품이 뒤따르지 않고서는 불가능하다는 말이다. 이는 IoT, ICT와 건축기술 융합으로 실현 가능하다.

건물에너지관리의 최적화된 시스템인 BEMS(Building Energy Management System)로 건물 내 에너지 사용기기에 센서와 계측 장비를 설치하고 통신망으로 연계한 시스템을 통해 에너지원별 사용량을 실시간 모니터링한다. 이를 통해 건물 에너지를 가장 효율적으로 통합하고, 관리하고, 제어할 수 있다. 이렇듯 제로에너지빌딩은 최첨단 산업의 제품과 시스템 기술이 함께 융합되어야 한다.

따라서 제로에너지 빌딩의 보급 확대는 관련 산업의 고도화를 촉진한다. 그리고 관련제품의 가격을 낮출 수 있어 경제성도 확보할 수 있다. 또한 제로에너지 빌딩은 에너지 절감으로 인한 온실가스 감축 효과뿐만 아니라 관련 산업의 활성화로 새로운 일자리를 창출할 수 있다. 그리고 세계의 거대한 시장에 진출할 수 있다.

국토교통부에 따르면 2030년까지 신축 건축물의 70%를 제로에너지화한다면 1,300만 톤의 온실가스를 감축할 수 있다고 한다. 이는 건물 부문 국가 온실가스 감축 목표량의 36%에 해당한다. 2030년까지 500MW급 화력발전소 10개 소를 대체할 수 있는 막대한 에너지를 절감할 수 있다. 연간 약 1조 2,000억 원의 에너지 수입 비용을 절약할 수 있다. 제로에너지 건축을 의무화한다면 연간 10조 원의 추가 투자와 10만 명의 고용이 이뤄질 것으로 전망한다. 또한 제로에너지빌딩이 활발히 보급된다면 국민 주거비 부담도 감소될 것이다.

한편, 한국건설생활환경시험연구원에 의하면 제로에너지빌딩의 세계 시장 전망 또한 매우 밝은 것으로 나타났다. 2024년까지 약 1,560조 원 규모로 크게 성장할 것이라고 내다본다. 국내외에서 에너지 관리의 필요성이 커지면서 제로에너지빌딩 기술 적용이 의무화되고 국가별 지원 정책이 시행되기 때문이다.

이런 맥락에서 치열한 국제경쟁사회에서 발 빠르게 움직인다면 4차 산업혁명 시대에 제로에너지빌딩으로 에너지 분야 글로벌 시장을 선점할 수 있다. 제로에너지빌딩 시장은 새롭게 떠오르는 블루오션이다. 건축 분야의 신기술 개발과 축적된 건물에너지 관리 능력으로 해외에 활발히 진출할 수 있다. 새로운 시장을 개척해 정체된 해외 건설 산업에 새로운 기회를 가져다 줄 수도 있다.

이런 이유로 해외 여러 선진국에서는 일찍부터 건축물 부문의 에너지 절감 중요성을 인지하고 제로에너지빌딩 보급에 앞장서 왔다.

유럽은 2020년까지 신축 건물에 대한 제로에너지 의무화를 추진 중이다. 건물이 전체 에너지소비의 약 73%를 차지하는 미국의 경우 2010년 대비 2030년까지 단위 면적당 에너지소비량 50% 절감을 목표로 매년 600조 원을 투자 중이다.

우리나라 역시 2020년부터 연면적 1천㎡ 이상의 공공건물을, 2025년에는 500㎡ 이상의 공공건물과 1천㎡ 이상의 민간건물,

30세대 이상의 공동주택을, 2030년에는 500㎡ 이상의 민간 및 공공 건축물에 대해 제로에너지빌딩을 의무화하는 정책을 추진하고 있다. 이를 위해 2017년 녹색건축물조성지원법을 개정해 '제로에너지건축물 인증제'를 도입했다. 또한 2019년 4월 녹색건축물조성지원법과 2019년 12월 같은 법 시행령 개정을 통해 공공건축물의 제로에너지건축을 의무화했다.

제로에너지건축물 인증제는 건축물에너지 효율등급, 신재생에너지를 통한 에너지 자립도, 건물에너지관리시스템(BEMS) 설치 여부 등을 검토해 건물에 등급을 부여하고 인센티브를 주는 제도다. 시장은 즉각 뜨겁게 반응했다. 정부의 적극적인 정책 홍보와 추진 의지로 제로에너지빌딩 인증제 시행 첫해인 2017년 10건, 2018년 33건, 2019년 41건 등 3년 만에 총 84개의 건물이 인증을 획득했다.

대표적인 제로에너지빌딩 인증 사례를 찾아본다면 한국에너지공단 울산사옥이 있다. 건물일체형 태양광 발전시스템 등을 적용해 업무 시설로는 최초로 설계 단계에서부터 제로에너지 기술을 적용해 인증을 획득했다. 뿐만 아니라 건축물 에너지 효율등급 1++, 녹색 건축 인증 최우수 등급을 획득했다. 여름에는 시원하고 겨울에는 따뜻하게 지낼 수 있도록 패시브 요소를 더한 로이 3중유리 창호를 설치했다. 외부 전동차양으로 빛의 유입량을 조절했다. 옥상은 정원으로 꾸며 열섬 현상을 해소할 수 있도록 했다. 태양광과 지열 등의 재생 에너지를 통해 건물 냉난방을 효율적으로 운영하고 있다. 에너지 효율 최적의 시스템 역시 눈에 띄는 요소다. BEMS(Building Energy Management System)를 도입했고, ESS(Energy Storage System. 에너지저장장치)를 적용한 전력 피크관리로 유지관리 비용을 절감하고, 내부 센서를 더해 최적의 건물에너지 제어가 가능하다.

또한 태양광, 지열 등 신재생에너지로 에너지 자립률 61%를 확보한 노원 제로에너지 주택단지도 주택으로는 최적화된 실증단지라는 평을 받고 있다.

패시브 설계기술로 주택 내부, 외부에 외단열, 고기밀 구조, 로이 3중유리, 외부 블라인드 등으로 단열성능을 획기적으로 향상시켰다. 동시에 신재생에너지 기술인 태양광 전지판, 지열 히트펌프 등으로 33% 정도의 에너지를 생산해낸다. 그래서 약 7%의 잉여 에너지로 입주민은 화석연료를 사용하지 않고도 기본적인 주거활동이 가능하도록 지어졌다.

그런데 이렇듯 제로에너지빌딩 보급을 활성화하기 위해서는 선결해야 할 과제들이 있다. 높은 에너지 성능을 확보하려면 그 만큼의 비용 부담을 동반한다. 때문에 상대적으로 에너지 비용이 저렴한 우리나라에서 제로에너지빌딩이 보편화되기에는 경제적 장벽이 높아질 수밖에 없다.

건축주의 경제적 부담을 완화키 위해 창, 차양, 단열재 등 건축 자재를 패키지화하는 것이 바람직하다. 그리고 냉난방, 조명, 환기 등 설비를 시스템화해 제로에너지건축물에 적합하도록 표준화하는 것이 필요하다. 또한 해당 건물 내에서 자체 생산한 신재생에너지 생산량만으로 에너지 자립을 충족하지 못할 경우 다른 건물이나 장소로부터 부족한 신재생에너지 생산량을 조달할 수 있는 외부조달제도의 도입도 적극 검토해야 한다.

매년 여름마다 우리는 폭염을 경험한다. 너무나 더워서 집집마다 에어컨을 틀며 에너지를 많이 소비해왔다. 지구온난화가 우리의 생활과 환경에 어떻게 영향을 미치는지 몸소 체험할 수 있었다. 그러나 만약 우리의 모든 건물을 제로에너지 빌딩으로 지었다면? 건물 안에서는 더위를 훨씬 덜 느낄 것이고 냉방을 줄일 수 있으며, 궁극적으로 지구온난화 방지에도 긍정적 영향을 줄 수 있었을 것이다.

제로에너지 빌딩은 에너지 제로에만 목적을 두는 것이 아니라, 거주자의 안녕과 쾌적함을 확보해주는 것을 전제로 한다. 다시 말해 제로에너지 빌딩은 일반적인 다른 건물보다 더 쾌적하고, 건강하며, 안전한 거주환경을 제공해 줄 수 있을 뿐 아니라, 관련 산업을 육성해주고, 지구온난화를 방지하기 위한 온실가스 저감까지 할 수 있는 미래의 주거상이다.

요즘 건축되는 새 아파트에는 방마다 설치된 시스템 에어컨이나 방별 난방 조절장치 등의 에너지 절약형 설비들이 보편화되어 있다. 그리고 건축 관련 기술은 지속적으로 진보하고 있다. 실제로 지금과 같은 추세라면 머지않아 단독주택부터 고층 빌딩, 도시 전체에 이르기까지 건축물 스스로 실내외 공간의 온도와 습도를 파악해 냉난방 설비를 자동으로 운전하고 태양광과 지열 등을 이용, 건축물이 필요로 하는 에너지를 자체 생산, 소비하는 자급자족의 '제로에너지빌딩 시대'가 머지않아 보인다.

녹색건축 혁신의 꽃, 스마트한 건축물, 이 꿈이 실현되는 제로에너지빌딩 시대가 다가오고 있다.

제로에너지건축물 인증제도

>> 제로에너지건축물이란

건물에 필요한 에너지 부하를 최소화하고 신재생에너지를 활용해 에너지소요량을 최소화하는 건축물을 제로에너지건축물이라 한다.
제로에너지건축을 위해서는 패시브(Passive), 액티브(Active), 신재생에너지(New&Renewable) 요소의 융합이 필요하다.

패시브	액티브	신재생에너지
단열·기밀 성능 강화 등 냉·난방 에너지 요구량을 최소화	에너지소비량을 최소화하기 위해 고효율 설비, BEMS 등을 적용	태양광, 지열, 연료전지 등으로 에너지를 생산

최근 신축건물 부문 온실가스 감축 핵심 이행방안으로 제로에너지건축물 보급 확산 필요성이 급증하고 있다. 이러한 가운데 우리나라는 제로에너지건축물에 대한 인증제도를 운영하고 있다.

제로에너지건축물 인증제도는 녹색건축물조성지원법(2020. 1. 1.), 녹색건축물조성지원법 시행령(2020. 1. 1.), 건축물 에너지효율등급 인증 및 제로에너지건축물 인증에 관한 규칙(2019. 5. 13.), 공공기관 에너지이용합리화 추진에 관한 규정(2019. 11. 12.)에 의해 시행된다.

>> 신축 건물에 대한 단계별 에너지관리 제도

먼저 건축물의 설계 단계에서부터 건축물 에너지절약 설계 의무기준을 따라야 한다. 500㎡ 이상의 건축물에 대한 허가 및 신고 행위 시 에너지절약 계획서 제출이 의무화되어 있다. 건축, 기계, 전기, 신재생 부분의 항목들을 에너지성능지표(EPI) 배점기준에 따라 평가한다.

다음은 설계 및 준공 단계에 건축에너지효율등급 인증을 받아야 한다. 에너지 고효율 건물에 대한 인증으로 공공건축물은 1천㎡ 이상, 공동주택 및 기숙사는 3천㎡ 이상 공공건축물에 대해 인증을 의무화하고 있다. 그 외 건축물에 대해서는 자발적인 인증을 유도, 지원하고 있다. 건물에너지 해석 프로그램을 통해 1차 에너지소요량에 따라 예비인증, 본인증으로 평가한다.

그리고 이와 함께 설계 및 준공 운영계획 단계에 에너지자립률에 따라 인증등급을 부여하는 제로에너지건축물 인증제도가 있다. 건물 운영단계 에너지 효율화를 위해 건물에너지관리시스템(BEMS) 또는 원격검침전자식 계량기 등의 설치가 필요하다.

>> 제로에너지건축물 인증제도의 추진 경과와 향후 계획

2014~2016년까지는 제로에너지건축물 인증제도 추진 기반을 구축한 시기라 할 수 있다. 2014년 녹색건축물 기본계획을 수립하고 제로에너지건축물 활성화 방안을 발표했다. 2016년에는 제로인증제 도입을 예고하고 유형별 시범사업을 지정했다.

유형별 시범사업은 저층형, 고층형, 타운형으로 나눠 추진했다. 7층 이하

저층형은 소규모 정비사업, 소규모 업무시설 등 에너지 자급자족형으로, 7층을 초과하는 고층형에는 에너지자립을 확보하는 형태로, 타운형은 지자체 에너지자립 마을 등 지구 단위 제로에너지타운을 조성하는 형태로 추진했다.

2017년에는 상용화 촉진 기간으로 제로인증제를 시행하기 시작했다. 그리고 2020년 공공건축물에 대한 의무화가 시행된다. 공공기관이 공동주택 및 기숙사를 제외한 연면적 1천㎡ 이상의 건축물을 신축, 재축, 별동 증축하는 경우 인증이 의무화된다. 2025년부터는 민간건축물에 대해서도 의무화가 도입될 예정이다.

>> 제로에너지건축물 인증 대상

단독·공동주택, 업무시설, 근린생활시설 등 대부분 용도의 건축물을 포함하되, 냉·난방 온도설정 불가면적이 50% 이상되는 에너지 성능 산정이 어려운 건물은 제외한다.

>> 제로에너지건축물 인증서의 유효기간

제로에너지건축물 인증서의 유효기간은 제로에너지건축물을 인증받은 날로부터 해당 건물의 건축물 에너지효율등급 인증 유효기간 만료일까지이다. 이와 더불어 인증 건축물의 소유자는 인증기준에 맞도록 건물을 유지·관리해야 하며 운영기관이 에너지사용량 등 필요한 자료 요청 시 이에 응해야 한다.

>> 제로에너지건물 건축에 대한 인센티브

첫째, 건축 기준의 완화다. 지방자치단체 조례에서 정한 최대 용적률, 건축물의 높이 등 건축 기준을 완화해준다.

둘째, 신재생에너지 설치 보조금에 대한 우선 지원이다. 신재생에너지 설치 보조 시 건물지원, 주택지원 등 우선 지원 사업으로 연계해준다.

셋째, 주택도시기금 대출 한도를 확대해준다. 제로에너지건축물 인증을 받은 공공임대주택 및 분양주택에 대해 주택도시기금 대출한도를 20% 상향해준다.

넷째, 주택건설사업 기반시설 기부채납 부담률을 완화해준다. 기반시설 기부채납 부담수준(해당 사업부지 면적의 8%)에 대해 최대 15%까지 경감률을 적용해준다.

다섯째, 세제혜택이다. 신재생에너지설비 BEMS 등 에너지절약시설 투자비용의 일부(최대 6%)에 대한 소득세 또는 법인세를 공제해준다.

여섯째, 에너지절약시설 설치사업 신청 시 투자비를 장기저리로 융자지원해준다. 당해연도 동일 투자 사업장당 150억 이내까지 신청 가능하다.

이와 같은 우리나라의 제로에너지건축물 국가인증제도 도입은 세계 최초의 사례이다. 학술적 개념이었던 제로에너지건축을 우리나라 정책목표와 시장 여건에 맞게 제도화한 것이다. 향후 더욱 다양한 인센티브를 통한 제로에너지건축물 경제성 확보방안 마련이 요청되고 있다.

LED로 여는 고효율 조명 시대

요즘 '에너지전환' 이라는 용어를 참 많이들 사용한다. 인류의 생존을 위협하는 기후변화에 대응하기 위해 에너지전환이 필요하다는 사실은 이미 널리 알려져 있다. 에너지전환에 동의하는 목소리도 높은 편이다. 물론 에너지전환을 공급 측면에서 보았을 때는 화석연료의 의존도를 낮추고 신재생에너지 비중을 높이는 것이 주된 내용이다. 그러나 다른 한편, 소비 측면에서 에너지 효율을 높이는 것도 매우 중요한 일이라 할 수 있다.

국제에너지기구(International Energy Agency)는 에너지 효율 향상을 온실가스 감축에 크게 기여하면서도 가장 경제적인 '제1의 에너지원'으로 꼽은 바 있다. 미국 에너지경제효율위원회(American Council for an Energy-Efficient Economy)도 '에너지 효율 향상'이 에너지 공급원 중 비용 면에서도 가장 효과적인 자원이라는 분석을 내놓기도 했다. 또한 에너지 효율 개선을 통한 전기 절약이 2030년 에너지 구성의 33%를 차지하는 '제1의 에너지원'이 될 것이라고 전망했다.

세계 여러 선진국들은 일찌감치 고효율 저소비 에너지 구조로 전환해 경제가 성장하면서도 에너지 소비 증가폭이 넓지 않다. 우리나라는 1979년 '에너지이용합리화법'을 제정해 에너지 효율 정책의 기본 틀을 마련하고 관련 정책을 추진해왔다. 그럼에도 우리나라 1인당 에너지 소비는 세계 최고 수준이다. 에너지 효율을 평가하는 지표인 에너지원단위가 경제협력개발기구(OECD) 35개국 중 33위에 머물고 있다. 한마디로 아직은 에너지를 효율적으로 소비하지 못하는 구조로 평가되고 있다. 따라서 진정한 에너지 전환을 위해서는 소비구조의 근본적인 혁신이 필요하다.

이에 우리 정부는 2019년 '에너지 효율 혁신전략'을 발표한 바 있다. 일방적 규제가 아닌, 참여를 통해 소비 행태와 가치관을 변화시키는 데 주안점을 두고 있다. 각 부문별 주요 대책 중 건물 부문에는 '한국형 에너지스타' 제도를 도입해 효율 수준을 평가하고 공개한다.

또한 고효율 가전 및 조명기기를 확산하기 위해 으뜸효율가전을 통한 환급사업을 추진하고 있다.

참고로 1992년 미국 환경보호청에 의해 만들어진 에너지스타(Energy Star) 프로그램은 에너지 절약 소비자 제품 사용을 장려하는 국제 프로그램으로, 에너지 절약 품질이 우수한 조명, 사무용 기기, 가전기기 등을 인증한다.

자동차를 살 때 연비가 선택 기준이 되는 것처럼 건물의 조명과 가전제품 등을 선택할 때 에너지 효율이 기준이 되도록 유도하는 것이다. 또한 효율이 높은 가전제품은 '으뜸효율' 가전으로 선정하고 제조사, 판매자, 소비자, 정부가 사회적 협약을 맺어 생산과 유통을 촉진한다. 소비자가 지금까지는 가격과 기능, 디자인만을 선택의 기준으로 삼았다면 앞으로는 고효율 제품이 우선 고려되는 문화를 확산시킨다는 것이다.

특히 LED 조명 보급을 적극 확대해 나간다. LED에 비해 효율이 40%대 수준에 불과한 형광등은 2027년까지 시장에서 단계적으로 퇴출당한다. 이와 더불어 IoT 기술 등과 결합해 기존 LED보다도 에너지 절감이 더 우수한 스마트 조명을 확대해 나간다. 소비자들은 기존 설비에 비해 상대적으로 더 높은 효용을 누릴 수 있다.

이에 우리생활 주변에서 가장 손쉽게 접하는 조명 부문에 있어서의 에너지 효율화 방향에 대해 살펴보자.

백열등은 100년 이상 우리생활 속에서 조명 문명을 이끌었다. 백열등은 쉽게 만들 수 있고, 쉽게 버릴 수 있으며, 밝기를 조절하기도 쉬웠다.

백열등의 파장은 연속적이며 해질녘의 태양광처럼 거의 모든 색을 포함하고 있었다. 그러나 백열등은 에너지 효율이 낮아 전력 소모가 크며 이 때문에 지구온난화에 영향을 미친다. 1990년대 일부 조명 연구자들은 백열등 때문에 4시간씩 두 번 잠을 자던 인간 고유의 습관이 한 번에 8시간을 자도록 바뀌었다고 주장하기도 했다.

2005년 조명을 위해 사용한 에너지는 인류가 소모하는 에너지 전체의 5분의 1에 달했다. 그래서 2009년 유럽위원회(EC)는 유럽에서 백열등을 퇴출하기로 결정했다. 이어서 호주, 러시아, 미국, 그리고 중국 등이 뒤를 따랐다. 우리나라도 2014년부터 백열등을 시장에서 퇴출시켰다. 우리나라에서 백열전구가 생산, 수입된 지 127년만이라 한다. 그 후 이를 대체하는 소형 형광전구 등이 잠시 인기를 끌었으나 곧이어 LED 조명이 등장한다.

LED란 Light Emmitting Diode의 약자로, 단어 그대로 발광다이오드를 뜻한다. 갈륨, 인, 비소를 재료로 만들어진 반도체라 생각하면 된다. 그런데 LED는 전기에너지를 빛에너지로 전환하는 효율이 높기 때문에 최고 90%까지 에너지를 절감할 수 있다. 그래서 에너지 효율이 낮은 백열등과 형광등을 대체하고 있는 광원이다.

LED는 아래 위에 전극을 붙인 전도물질에 전류가 통과하면 전자와 정공이라고 불리는 플러스 전하 입자가 이 전극 중앙에서 결합해 빛의 광자를 발산하는 구조로 이루어져 있다. 이 물질의 특성에 따라 빛의 색깔이 달라진다.

초기 LED는 가전제품의 LCD창 표시용 광원 등 한정된 용도로만 사용되었다. 그러나 지금은 그 용도가 급속히 확대되고 있다. 형광등이 주종을 이뤄왔던 일반 조명은 이미 LED 조명으로 바뀌어가고 있다. TV나 휴대폰, 전광판뿐만 아니라 LED 무선통신, LED 식물공장, LED 피부테라피 등 LED 융합 제품에 대한 기대도 커지고 있다.

특히 LED 조명의 경우 공연, 음악, 영화, 건축, 도시경관, 의료, 원예 등 다른 분야와 융합할 수 있는 요소가 매우 많은 분야이기도 하다. LED는 유해물질을 사용하지 않으며 소비전력이 적고 수명이 길다는 점을 내세워 농업용 조명, 의료용 조명, 어업용 조명, 차량용 조명, 경관 조명, 실내조명 등 기존 조명이 차지하고 있던 거의 모든 분야에 손을 뻗고 있다.

LED 보급 확대를 위해 우리 정부에서는 공공 부문에서부터 우선적으로 대중교통, 가로등, 터널 조명 등 도로 및 교통시설의 조명을 LED로 교체하고 있다.

사실 LED 전구는 다른 전구에 비해 장점이 많지만 가격이 상대적으로 비싸서 시장에 출시된 후 그 동안 많이 팔리지 않았다. 그러나 이제 LED 전구의 시장경쟁력이 더욱 높아지고 가격이 하락함에 따라 공공뿐 아니라 가정, 민간에서도 LED 전구로 바꾸는 사람들이 늘어나고 있는 추세다.

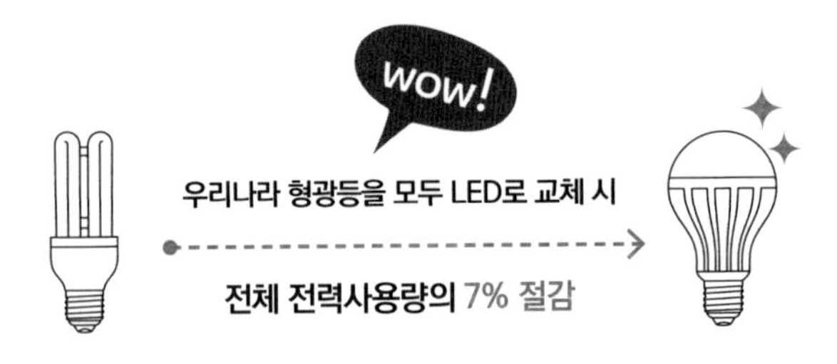

LED 보급 확대에 따른 에너지절감 효과는 생각보다 어마어마하다. 우리나라 전체 형광등을 LED로 교체할 경우 34,149GWh의 전력이 절감된다. 원전 5.3기가 연간 생산하는 엄청난 양이다. 한 가정에서 조명 7개 정도를 LED로 교체할 경우 2018년 기준으로 연간 약 800kWh, 104,000원의 전기요금이 절감되는 것으로 나타났다.

백열전구, 형광등 대비 절전효과뿐 아니라 우수한 내구성으로 형광등 대비 3배나 수명이 길다. 또한 훨씬 밝을 뿐 아니라 수은, 필라멘트 등이 없어 안전하고 친환경적이라는 장점이 있다. 또한 산업 측면에서 볼 때도 LED는 향후 현재의 반도체산업 규모로 성장해 차세대 주력 산업으로 도약할 것이라는 전망이 있다. 이런 분위기 속에 LED 산업 분야의 인력 채용도 비교적 활발한 편으로 새로운 적용 분야를 찾아낼 LED 제품 개발자의 역할이 기대되고 있기도 하다.

이에 대한 사례는 경남 창원시에서 찾아볼 수 있다. 2017년 에너지대전 대통령 표창을 받은 창원시는 세계 최초로 도시 전체 가로등을 LED 조명으로 교체했다. 또한 양방향 제어기와 지능형 조명제어시스템 설치로 센서를 통해 가로등을 원격제어 중이다. 단순한 형태지만 초기 형태의 스마트 조명으로 볼 수 있다. 이로써 기존 대비 전력 사용량이 약 67% 줄었으며, 연간 전기요금 및 가로등 유지관리비 등 약 30억 원의 예산 절감이 가능하다. 특히 창원시 소재 기업이 가로등 조명 교체 사업에 참여함으로써 지역기반 기업 매출 증대와 연간 4,800여 명의 고용창출 효과를 이끌어내는 등 지역경제 활성화에도 크게 기여하고 있다.

인류는 최초의 에너지인 불을 사용한 순간부터 새로운 에너지를 향한 도전과 변화를 통해 문명을 이끌어왔다. 석탄이 일으킨 산업혁명, 석유를 활용한 내연기관, 전기를 이용한 자동화와 정보혁명의 역사가 그러하다. 최근에는 기후변화, 원전 사고의 여파 등으로 보다 깨끗하면서 안전한 에너지로의 전환이 진행 중이다. 앞에서 언급했듯이 에너지 전환에 있어서 공급 측면뿐 아니라 소비 측면에서의 에너지 효율을 높이는 것이 매우 중요한 과제라 할 때, 우리 생활 주변에서 가장 손쉽게 접하는 조명 부문에서 LED의 약진은 큰 의미를 가진다.

앞으로는 LED 조명기술이 제4차 산업혁명과 연계해 IoT 기술 등과 결합하면서 날로 스마트한 조명으로 발전할 것으로 전망된다. 우리에게 펼쳐질 '화려한 빛의 시대'가 기대된다.

여름은 여름답게, 겨울은 겨울답게

본격적인 바캉스 시즌이 되면 프랑스의 경우 근로자에게 1년에 30일의 유급휴가가 주어진다. 여름철이면 파리 등 대도시가 텅 빌 정도로 휴가를 떠난다.

우리나라는 지난 1970년대 중반경부터 바캉스문화가 본격화 되었던 것 같다. 물론 바다나 강 등으로 떠나기도 하지만 사람들이 도심지에서 더위를 피하기 위해 찾은 곳은 백화점, 은행 등이었다. 그러나 여름철 냉방전력 수요의 폭발적 증가로 전력피크 관리를 위한 특단의 조치가 필요할 경우에는 에너지 다소비 건물에 대해 일반 건물은 26℃, 공항, 판매시설 등은 25℃로 제한하는 냉방온도 제한조치를 정부가 취하기도 했다.

최근 몇 년간은 이러한 제한 조치가 시행되지 않았다. 이럴 경우에는 자율적인 참여가 필요하다. 그래서 한국에너지공단과 시민단체 등이 '문닫고 냉방 영업'을 권장하는 등 에너지 절약 실천 캠페인을 전개한다. 이른바 '에너지 절약 착한가게' 캠페인이다.

이 캠페인은 대표적인 에너지 낭비 사례로 꼽히는 '문 열고 냉난방'하는 상점들을 대상으로 에너지 절약에 대한 동참과 실천을 촉구하는 활동이다. 자발적으로 문을 닫고 냉방 영업, 여름철 26℃ 실내온도 준수, LED 조명 설치, 영업 종료 후 옥외조명 소등 등 에너지 절약을 약속하고 실천하자는 것이다.

참고로 한국냉동공조인증센터의 시험 결과에 따르면, '문 닫고 냉방' 영업을 할 경우 '문 열고 냉방' 대비 약 66%의 냉방전력이 절감되는데, 여름철 바깥온도가 32℃일 경우 실내온도를 22℃ 또는 26℃로 유지할 경우 문을 열고 닫았을 때의 에너지소비율은 최대 3.4배 차이가 났다.

정부와 민간의 적극적인 홍보 덕분인지는 몰라도 요즘은 대다수의 건물들이 건물 냉방온도를 준수하고 있으며, 문 열고 냉방하는 상점들도 줄어들고 있다. 이제는 관련 업계와 고객들도 점진적으로 생각이 바뀌어 가고 있음을 확연히 느낄 수 있다. 백화점, 은행, 상가 등을 방문한 고객들도 예전에 비해 불만을 제기하는 사례가 점차 줄어들고 있다.

이같이 평상시 문 닫고 냉난방 캠페인은 에너지절약 측면에서의 효과가 명백히 유효하다. 그러나 최근 코로나19와 같은 전염병이 유행하는 비상 시기에는 감염의 위험 때문에 주기적으로 자주 환기를 시켜주는 것이 바람직하겠다. 냉방을 끄고 환기하고, 이후 다시 냉방을 하는 것이 좋다.

우리가 적정한 실내 냉방온도를 유지하고 에너지를 절약해야 하는 이유는 크게 세 가지로 볼 수 있다.

첫째는 경제적인 이유다. 최근 여름 최대 전력수요 중 냉방 부하는 대략 3,000만kW 정도(2018년 7월 기준 2,829만kW)이다. 이는 대형 발전소 30기의 생산량에 해당한다. 건설에 막대한 비용과 시간이 소요되는 발전소가 여름철, 그것도 오후 일부 시간대 냉방을 위해 그렇게 많이 필요하다는 것은 비용효과 측면에서 결코 바람직하지 않다.

특히 에너지의 93.7%(2018년 기준. 수입액 1,459억 달러, 국가 총수입액의 27.3%)를 수입하는 우리나라에서 실내온도를 1℃ 높이는 것만으로도 여름철 건강을 지키는 것은 물론 냉방에너지의 약 7%를 절감할 수 있다.

둘째는 건강이다. 과유불급이라 하지 않던가. 여름철 일사병만큼이나 냉방병을 염려하는 목소리가 높은 요즘이다. 전문의들은 실내온도가 25℃ 이하거나 실내외 온도가 5℃ 이상 차이 나는 환경에 지속적으로 노출될 때 냉방병이 발병하기 쉽다고 한다.

마지막으로 윤리와 의식의 선진화 문제를 들 수 있다. 우리 후손에게 안전한 지구환경을 물려주기 위해 온실가스를 줄이자는 거대 담론적 차원만이 아니다. 생활 속에서 에너지를 아끼는 작은 실천을 시작으로 공공성을 우선시하는 공동체 의식이야말로 선진 일류국가로 가는 지름길이라고 여겨지기 때문이다. 성숙한 현대 소비자는 지나친 냉방을 좋아하지 않는다. 녹색캠페인도 정확히 인식하고 있어, 백화점, 은행 등의 입장에서도 적정 냉방 온도를 준수하는 것이 오히려 매출에 도움이 될 것이다.

시원한 여름을 위해 인위적으로 만든 에어컨 바람만 찾다 보면 우리의 아름다운 사계절을 잃어버릴지도 모른다. 여름은 더운 것이 자연의 순리이고 이치다. 순리를 벗어나 인위적으로 하려고 하면 탈이 나기 마련이다. 특히 오늘날 기후변화는 독거노인 등 경제적 빈곤층에게 더욱 고통을 초래한다. 이들이 상대적으로 여름철 폭염에 얼마나 고통스럽게 지내야 할까 하는 문제도 생각해야 한다. 아무튼 자연의 순리에 맞춰 우리의 에너지 문제도 풀어봄이 어떨까 싶다. 에너지를 지키고 여름을 여름답고 아름답게 나는 지혜, 적정 냉방온도 26℃~28℃ 지키기에 우리 모두의 동참을 기대해본다.

겨울철 첫 월급을 타면 부모님께 내복을 선물하던 시절이 있었다. 춥고 배고프던 옛 시절 얘기다. 문고리가 손에 쩍쩍 달라붙는 혹한 속에 노인들의 겨울나기는 정말 고역이었다. 슬하 떠난 자식이 첫 월급을 탔다며 무릎 꿇고 내미는 내복 한 벌을 바라보며 부모는 눈시울을 붉혔다.

"부모님, 선물 받으세요."

"에구 내 새끼!"

빨간 내복이었다. 그런데 왜 그 많은 색 중에서 하필 빨간색일까?

내복이 처음으로 우리나라에 등장했던 1950년대 이후 1960~1980년대 나일론에 염색하기 가장 쉬운 색이 빨간색이었기 때문이라고 한다.

당시에는 내복을 일일이 수작업했기에 꽤 비쌌다고 한다. 80kg 쌀 한 가마니와 맞먹었다고 하니 요즘 시세로 따져 대략 20만 원 안팎이다. 상당히 돈 많은 부자가 아니면 구경조차 못했다고 한다.

서민들은 기계로 찍어내기 시작한 1960년대 중반에 들어서야 사서 입을 수 있었다. 역시 빨간 내복이 인기였다. 염색하기도 쉬웠지만 색감이 따뜻해서다. '무병장수한다'는 속설까지 곁들여지면서 커다란 인기를 끌었다. 첫 월급을 타면 부모님께 선물하는 게 관행처럼 된 것도 이 무렵이 아닐까 싶다. 그래서 1980년대 초반까지 전성기를 누렸다.

이러한 내복의 효용은 한두 가지가 아니다.

첫째, 에너지 비용을 절감시켜준다. 내복을 입으면 체감온도가 3℃ 정도 올라간다. 전국 1600만 가구가 한 달 동안 실내 난방온도를 3℃ 낮추었다면 무려 4,900억 원의 에너지 비용이 절약된다는 계산이 되지 않는가. 또한 내복을 입고 겨울철 실내온도를 3℃ 정도 낮춰 18~20℃로 유지한다면 난방비를 20% 정도까지 줄일 수 있다. 환경친화적 천연 난방, '내복의 힘'이다. 내복만 입어도 에너지 비용을 절약하고 환경 파괴의 주범인 이산화탄소를 감소시켜 기후변화를 늦출 수 있는 셈이다.

둘째, 건강을 지켜준다. 체온이 떨어지면 뇌의 온도조절중추가 인체 체온조절에 주력한다. 몸이 따뜻하지 못하면 체온을 유지하기 위해 다른 장기와 조직의 기능은 떨어지기 마련이다. 속이 더부룩하거나 몸이 아프기 십상이다. 내복은 우리의 몸을 따뜻하게 감싸주면서 건강을 유지하는 데 도움을 준다. 특히 요즘에는 얇고도 발열 또는 보온 기능이 뛰어난 내복이 많이 시판되고 있다. 감촉도 좋아서 겨울철 까슬까슬한 옷감의 겉옷으로부터 피부를 보호하는 효과도 있다.

그리고 겨울철 실내온도가 올라가면 가려움이나 아토피 증상이 악화되는데, 이때 내복을 입고 실내온도를 18℃~20℃로 유지하면 증상이 완화되고 정신이 맑아지는 효과도 있다.

사실 내복에는 놀라운 과학의 원리가 숨어 있다. 옷감 부피의 60~90%는 공기가 차지하고 있는데, 옷과 옷 사이의 공기까지 포함하면 이 비율은 더욱 늘어난다. 이런 공기를 '정지공기층'이라고 한다. 이러한 정지공기층이야말로 지구상에서 보온성이 가장 우수한 재료라고 할 수 있다. 결국 내복을 입고 겉옷을 입으면 정지공기층 비율이 늘어나면서 보온 효과도 높아진다.

내복을 입으면 에너지 절감, 환경보호 효과뿐 아니라 적정한 체온조절과 실내의 과도한 난방으로 인한 공기 건조를 막아 어린이와 노약자들의 호흡기 및 피부질환 발생도 예방할 수 있는 일석삼조의 효과가 있다.

이렇듯 여러 면에서 효용을 가지고 있는 내복이 그동안 젊은 세대에게는 외면당해 왔던 것이 사실이다. 날씬해 보이려는 그들에게 내복은 '스타일 구기는 것'이었다. 그런데 최근에는 놀랍게도 젊은이들이 내복 소비를 주도하면서 인기를 되찾고 있다. 격세지감이다.

그럴 만도 한 것이 다이어트 내의에서부터 극세사, 기모, 보온 내의에 이르기까지 패션성과 기능성을 강화한 다양한 제품이 시중에 많이 판매되며 인기를 끌고 있다. 몸에 착 밀착되어 겉옷 맵시를 흐트러뜨리지 않아서 좋다. 신축도를 높여 활동성을 강화한 제품은 물론 겉옷 겸용도 나오는 세상이다.

옛날 빨간 내복이든 최신의 패션 내복이든 내복에 담긴 의미는 무엇보다도 '따스한 사랑'이라 할 수 있다. 겨울철 차가운 바람을 막아줄 뿐 아니라 밖으로 빠져나가는 체온을 지켜주는 것이 내복이다. 입는 사람은 따스함을 느끼고, 선물하는 사람들은 그 마음을 담아 따스함을 전한다. 아직도 우리 사회에 젊은 세대가 정성과 마음을 모아 어르신께 내복을 사드리는 미풍양속이 여전히 살아 있는 것도 이 때문일까?

겨울철 에너지 절약과 함께 불황의 그늘을 지울 수 있는 선물이 내복이 아닐까 하는 생각이다. 내복은 곧 사랑이며 보은(報恩)이다. 몸과 마음을 함께 따스하게 해준다. 요즘은 겨울철 적정 난방온도 18℃~20℃를 지키며 내복 입는 사람이 문화인이다.

쎄쎄를 아시나요?

지난 2018년 국내 개봉된 할리우드 영웅 캐릭터 영화 〈어벤져스 인피니티 워〉를 보셨는지? 2012년에 개봉한 〈어벤져스〉와 2015년에 개봉한 〈어벤져스 에이지 오브 울트론〉의 속편으로, 마블 시네마틱 유니버스(MCU)의 19번째 영화이기도 하다. 가족과 함께 재미있게 관람한 기억이 난다.

할리우드 영웅 캐릭터 산업이 발달한 데는 코믹북스의 대중화가 크게 기여했다. 할리우드 코믹북스는 크게 DC코믹스와 마블코믹스로 양분된다. DC코믹스의 영웅은 태어날 때부터 영웅적 기질을 타고났다. 슈퍼맨, 원더우먼, 배트맨, 플래시, 아쿠아맨 등으로 저스티스팀을 이룬다. 반면 마블코믹스의 영웅은 평범한 사람으로 태어나 우연한 계기를 통해 영웅이 된 경우가 많다. 아이언맨, 헐크, 캡틴아메리카, 블랙위도우, 스파이더맨, 엑스맨 등으로 영화화되어 세계적인 유명세를 떨치고 있는 어벤져스팀이 바로 그들이다.

그렇다면 우리나라를 대표하는 유명한 캐릭터는 어떠한 것들이 있을까? 우리에게 잘 알려진 펭수, 카카오프렌즈, 뽀로로, 뿌까, 아기공룡 둘리, 마시마로, 졸라맨 등이 아닐까. 그런데 여기에 귀엽고 부지런한 캐릭터 하나를 소개한다. 무분별한 에너지 사용으로 에너지 절약에 대한 관심이 커지면서 우리 곁에 함께해야 할 작은 캐릭터가 하나 있다.

지구온난화의 위험성을 상징적으로 알리는 '쎄쎄'(SESE : Save Energy Save Earth)다. '에너지를 절약(Save)해서 지구를 살리자(Save)!'는 다소 거창한 이미지를 들고 있는 깜찍한 펭귄 캐릭터다. 건강한 지구를 의미하는 녹색원 안에 지구온난화로 빙하가 녹아 삶의 터전을 위협받고 있는 펭귄의 캐릭터를 친근한 이미지로 형상화했다.

펭귄의 양손에는 각각 에너지 절약을 상징하는 에너지 절약마크와 지구 모형이 있어 에너지 절약으로 지구를 지킬 수 있음을 나타내고 있다.

한국콘텐츠진흥원에 따르면 2018년 글로벌 캐릭터 산업시장 규모는 202조 원으로 추정되며, 2018년 한국 캐릭터 매출액은 12조 7,000억 원에 이른 것으로 알려졌다. 2005년 2조 700억 원에 불과했던 국내 캐릭터 산업 시장 규모와 비교하면 괄목할 만한 성장이다. 캐릭터 산업이 이끄는 문화적 파급력은 실로 대단한 것으로 나타난다.

이러한 영향력 때문에 캐릭터는 상업적인 용도뿐 아니라 공공 부문에서도 이미 적극 활용되고 있다. 정부 각 부처마다, 각 지자체마다 귀엽고 친근한 캐릭터를 활용해 시민들에게 사랑을 받으며 선풍적인 인기를 끈 사례가 종종 있다.

웹툰 시장도 마찬가지다. 한국만화영상진흥원에 따르면 국내 웹툰 시장의 규모는 2020년 3월 현재 1조 원이 넘는다. 인터넷과 모바일시장의 발달로 대중의 접근성이 한층 높아지고 있다. 이에 한국에너지공단도 에너지에 대한 이해를 도모하고 에너지산업의 현황을 알기 쉽게 전달해주는 '에너지만

평'을 제작해 홈페이지 정보마당에 연재하고 있다. 급변하는 에너지환경에 발맞춘 맞춤형 에너지 교양 웹툰이다.

바야흐로 21세기는 에너지의 위기이자 기회의 시대다. 화석연료의 고갈에 대한 불안과 신재생에너지 개발 보급 등에 대한 희망이 공존한다. 에너지 문제에 대한 시대적 열망을 담고 대중에게 친근하게 다가갈 수 있는 캐릭터와 웹툰을 더욱 정교하게 발굴함과 동시에 그 속에 담긴 의미를 찬찬히 음미해보자. 기후변화와 에너지 문제로 부각되고 있는 현재와 미래의 시대적 단면을 읽을 수 있지 않을까. 앞으로 캐릭터와 웹툰의 신선함으로 무장한 Save Energy 문화가 새로운 시대에 부합하는 대중의 트렌드에 자연스럽게 스며들기를 기대해본다.

이제 여러분도 쎄쎄(SESE)를 아시죠?

Save Energy!

Save Earth!

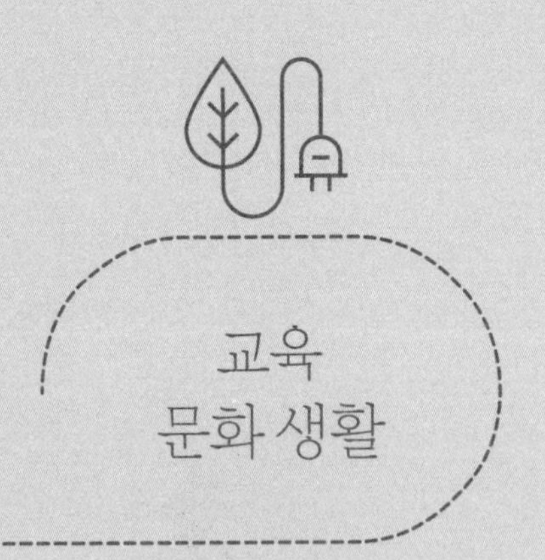

교육 문화 생활

우리 인류가 에너지 없이 살 수 있겠는가?
에너지 분야는 무한한 가능성이 있는 분야다.
지금 당장의 안정성이 보장되는 직업을 선택하기보다는
여러분에게 주어진 시간을 미래를 보고 투자해보라.

part 2

배우고 익혀야 할 에너지

나의 꿈, 나의 에너지

1970년대 빡빡머리에 검은 교복을 입고 학교에 다니던 아련한 과거를 회상해본다. 그 당시 버스안내원이라는 직업이 있었다. 요즘의 젊은 세대들에게는 생소할 수 있다. 그때만 해도 대부분의 버스에는 어린 여성안내원이 탑승해 요금을 받고 문을 여닫아 주었다. 버스 내 질서유지와 안전을 지켜주었던 버스안내원. 어려운 시대를 억척스레 살아온 우리 누이들의 자화상이었다.

그보다 더 훨씬 이전에는 전화교환수라는 직업도 있었다. 1900년대 초기에는 전화교환수가 다이얼을 연결해 주어야만 전화를 걸 수 있었다. 따라서 교환수 없는 전화는 무용지물. 그 당시에는 꽤나 매력 있는 직업이 아니었나 싶다.

이러한 직업들은 이제 세월의 흐름에 따라 역할이 줄어들거나 소멸되어 자연스레 역사의 뒤안길로 사라졌다. 반면에 예전에는 없었던 직업들이 새로 생겨나고, 기성세대에게는 생소한 직업들이 젊은 세대에게는 각광받는 인기 직업으로 부상되고 있는 경우를 요즘 우리는 종종 목격한다.

우리말을 인식하고 날씨를 알려주는 AI로봇, 음식 구별 카메라가 내장된 냉장고, 사람 얼굴을 인식하는 스마트폰……. 우리는 어느새 4차 산업혁명의 시대에 발을 내딛고 있다!

지난 2016년 세계경제포럼(World Economic Forum)은 '4차 산업혁명'을 향후 세계가 직면할 화두로 던졌다. 그 이후 지금까지 '4차 산업혁명'이 유행어처럼 회자되고 있다. 특히 지난 2016년 3월 알파고와 이세돌의 바둑 대결은 4차 산업혁명 도래의 한 단면을 보여주는 사건이라 할 수 있다. 인공지능과 로봇, 사물인터넷, 빅데이터 등을 통한 새로운 융합과 혁신이 빠르게 진행되는 세상에 우리는 지금 살고 있다. 이러한 세상에서 우리의 가치관이자 꿈, 때로는 각종 수단이 되는 일자리는 세상의 변화 속도에 맞춰 발전 또는 쇠퇴하고 있다.

그렇다면 새롭게 다가오는 4차 산업혁명시대 일자리 전망은 어떠할까?

지난 2019년 4월 한국고용정보원은 2018~2027년 10년간 국내 대표 직업 196개의 고용 전망을 담은 《2019 한국 직업 전망》을 발간했다.

한국고용정보원은 2027년까지 취업자 수가 증가할 것으로 전망되는 19개의 직업을 꼽았다. 해당 직업으로는 간호사·의사·수의사 등 보건·의료·생명과 사회 복지 분야, 법률 분야, 항공기 조종사, 네트워크시스템 개발자, 에너지공학 기술자 등의 직업이 속했다. 또한 조금 더 포괄적인 미래 유망 직업도 선정했는데, 사물인터넷 전문가, 인공지능 전문가, 빅데이터 전문가, 가상·증강현실(VR·AR) 전문가, 생명과학 연구원, 정보보호 전문가, 로봇공학자, 자율주행차 전문가 등과 함께 스마트팜 전문가, 환경공학자, 스마트 헬스케어 전문가, 3D 프린팅 전문가, 드론 전문가, 소프트웨어 개발자, 신재생에너지 전문가 등이 꼽혔다.

이전 2011년 발간된 《유엔미래보고서 2025》에서도 유망 미래 직업 54가지 중 11개가 에너지 분야에 집중되어 있어서 관심을 끈 바 있었는데, 최근 한국고용정보원의 전망에 있어서도 앞서 언급한 바와 같이 에너지공학 기술자, 신재생에너지 전문가 등 에너지 분야 직업들이 미래의 유망 직업으로 선정되어 시사하는 바가 크다고 할 수 있다.

최근 청년층의 구직난이 심각한 사회적 문제로 대두될 정도로 일자리 찾기가 어렵다. 하지만 일부 전문 분야에서는 일자리가 많이 있음에도 이에 적합한 인력을 찾기 힘들다는 목소리도 있다. 이러한 인력수급 불균형의 문제는 구조적으로 교육의 문제와 직결된다고 할 수 있다.

천편일률적인 교육에서 벗어나 어릴 때부터 아이들의 관심사를 제대로 찾아 육성해주고, 이에 맞는 진로 방향을 제시해주며, 교육시스템으로 이끌어준다면 다양한 분야의 전문가들을 양성할 수 있을 것이다.

1997년을 기억해보자. 당시 우리나라는 IMF 구제금융을 받았던 암울한 시기였다. 그러던 중 1998년 미국에서 LPGA 골프대회가 열리고, 박세리라는 신데렐라가 나타난다. 이 신데렐라는 데뷔 첫 우승이자 메이저 첫 우승을 극적으로 차지한다. 당시 대한민국은 IMF 구제금융이 남긴 상흔으로 여전히 욱신거리는 아픔을 맛보고 있을 때였다. 그러던 한국인들에게 전해진 낭보!

악전고투의 박세리는 고국에 엄청난 영감을 주었고, 국민적 영웅으로 떠올랐다. 이 무렵에 그 모습을 보고 골프를 시작한 박세리 키즈들. 박인비를 비롯한 여러 명의 우리나라 여자 골프 선수들이 이제는 세계 여성 골프계를 장악하고 있는 것 아닌가.

그렇다! 우리의 에너지교육도 절약하자는 말만 앵무새처럼 되뇔 것이 아니라 무언가 미래 세대에 꿈과 희망을 심어주는 교육이 되어야 하지 않을까. 에너지와 관련된 진로교육을 받은 청소년들이 감명받고 영감을 얻어 앞으로 미래를 이끌어가는 세계적인 에너지 전문가가 되어준다면 얼마나 보람 있고 멋진 일인가!

더불어 미래 세대인 청소년과 학부모 여러분께 꿈과 희망을 심어주기 위해 다음과 같은 당부의 글을 전하고 싶다.

에너지 분야는 지금부터 준비를 잘해 나간다면 장차 청소년 여러분의 미래를 찬란하게 열어줄 블루오션이 될 수 있다. 무한한 가능성이 있는 분야다. 우리 인류가 에너지 없이 살 수 있겠는가? 꿈은 상상하는 것의 실상이 될 수 있다. 지금 당장의 안정성이 보장되는 직업을 선택하기보다는 여러분에게 주어진 시간을 미래를 보고 투자해보라.

앞서 언급했듯이 많은 전문가들이 현재의 직업 대다수가 멀지 않은 미래에 사라질 것이라는 우울한 전망을 내놓는다. 심지어 요리사나 기자 같은 어느 정도 전문성이 필요한 일도 로봇이나 인공지능으로 대체될 것이라는 비관적인 관측이 많다. 전문성 부족한 공무원과 같은 사무직이야 말할 것도 없다. 청소년 여러분! 앞으로 세상을 바꾸는 주역이 되고 싶지 않은가. 그렇다면 지금부터 꿈을 가지고 목표를 세워야 한다.

그리고 너무도 당연한 얘기지만, 앞서 언급한 미래 세대 에너지 분야 전문가가 되기 위해서는 실력을 배양해야 한다. 입만 하늘을 향해 벌리고 있으면 감이 저절로 떨어질까? 내공을 쌓아야 한다. 그리고 시시때때로 에너지 분야별, 적성별로 내게 필요한 관련 정보를 입수해야 한다. 책을 통한 공부뿐 아니라 목표를 이루는 과정에는 정확한 정보가 필요하다. 그리고 꿈을 꾸고, 목표를 세우고, 관련 정보를 축적하고 학습을 해나가는 데 중요한 점은 끈기와 열정이다.

지금부터 몇 년간 푯대를 향해 꾸준히 정진해보자. 절대 꿈은 하루아침에 이루어지지 않는다. 그 과정에는 어려움도 많이 따를 것이다. 포기하고 싶은 위기도 다가올 것이다. 그리고 많이 넘어질 수도 있다. 그러나 넘어질 때마다 씩씩하게 다시 일어나는 것이 중요하다.

여러분은 김연아의 발을 본 적이 있는가? 밴쿠버 동계올림픽 금메달리스트 김연아. 환상적인 연기로 금메달을 따낸 김연아 선수의 발이 밴쿠버에서 캐나다 방송과의 인터뷰에서 포착되었다. 김연아 선수는 그날 검정색 바지와 짧은 단화를 신고 나왔는데, 그것이 포착된 것이다. 김연아 선수의 발은 복사뼈 부근에 굳은살과 상처가 있었다. 비록 세계 최고에 올랐지만, 20세 어린 소녀 같은 김연아 선수 이면에 이런 모습이 있다는 사실에 많은 이들이 관심을 보였다. 얼마나 많은 시간을 훈련하고 또 고통을 견뎌 왔을지 짐작하게 한다.

사실 김연아의 발 말고도 이전부터 박지성과 손흥민의 발, 강수진의 발이 사람들의 주목을 받았다. 박지성 선수의 발은 수많은 상처와 굳은살로 가득하다. 풋프린팅 사진을 통해서는 그가 평발로 얼마나 세계무대를 누볐는지 알 수 있다.

손흥민 발 또한 못지않다. 그의 발을 보면 발톱 일부가 빠져 시커멓게 멍들어 있다. 발뒤꿈치는 늘 까진 상태다. 그는 어릴 때 고향 춘천에서 아버지와 매일 1,000개씩의 슈팅훈련을 했다. 그는 '상처투성이 작은 발(255㎜)'로 세상을 놀라게 하고 있다.

동양인 최초로 최고 무용수에 선정된 바 있는 세계적 발레리나 강수진의 발도 고통과 인내의 시간을 느끼게 한다. 하루에 19시간을 연습에 매달렸다는 강수진의 발은 피멍으로 얼룩지고 오래된 나무처럼 상처입어 있었다. 이것들은 고통과 인내의 시간들을 말해주고 있다. 이들은 엄청나게 많이 넘어져 본 사람들이다. 그러나 넘어져 드러누운 것이 아니라 그때마다 씩씩하게 다시 일어났다. 그래서 최고가 되었다.

넘어지는 걸 두려워하지 마라. 넘어질까 봐 고민만 하지 말고 일어서서 부지런히 뛰어보라. 그러면 기필코 여러분 인생에도 반전이 있을 것이다. 아무리 어려운 일이라도 끈기 있게 노력하면 꿈은 이룰 수 있다.

마부작침! 도끼를 갈아 바늘을 만든다는 뜻으로, 아무리 힘들고 어려운 일이라도 끈기 있게 매달리면 마침내 달성할 수 있다는 말이다. 물론 오늘날 급변하는 세상에 적합하지 않은 말이라고 반론할 수도 있다. 그러나 요즘처럼 금방 포기하고 쉬운 일만 찾아가려는 사람들에게 자신을 돌아보게 해주는 말이기도 하다.

아무리 힘들어도 차근차근 노력하다 보면 어느 날 본인도 모르게 본인이 바라던 위치에 서 있는 자신을 발견할 것이다.

에너지 분야 유망 직업

지구온난화에 대처하는 녹색직업의 확대		
새롭게 부상할 미래 직업	기후변화경찰	특정지역에 유리하도록 비나 물의 흐름을 조절하는 기술이 개발되어 지역 간 기후 분쟁이나 갈등을 조정
	주택에너지효율검사원	각 가정이나 개인의 에너지효율정도를 점검하여 적정사용량 및 고효율 제품을 제안하고 효율적 에너지활용을 위한 컨설팅 제공
발전성 높은 기존 직업	온실가스인증심사원	각 기업에서 온실가스가 얼마나 배출되는가를 측정하고 청정개발체제 사업을 검토하여 인증
	신재생에너지전문가	온실가스를 배출하지 않는 자연 재원 (풍력, 지력 등)으로부터 전기에너지를 얻음.
	전기자동차개발자	전기자동차의 구동에 필요한 모터, 배터리, 차체, 자동장치 등을 연구 개발
	LED제품개발자	절전효과가 크고 친환경적 LED 전기 제품을 개발
	연료전지전문가	연료전지시스템, 연료전지에 필요한 각종 장치를 개발하거나 연료전지의 효율성을 연구
	바이오에너지전문가	바이오패스나 유기성 폐기물을 에너지로 만드는 방법을 연구
	기후변화전문가	급변하는 기후환경에 사람들이 적응할 수 있도록 기후변화와 관련한 각종조사를 실시하고 대응방안을 연구
	탄소배출권거래중개인	온실가스감축 목표량을 맞추기 위해 국가 간 기업간 탄소배출권 거래를 성사시킴.
	폐기물에너지화연구원	땅에 묻거나 바다에 버리던 각종 폐기물을 고체나 액체 형태 에너지로 거듭나게 하는 방법을 연구

출처: 한국고용정보원(2012)

한국고용정보원에 따른 에너지 분야 유망 직업으로는 기후변화경찰, 주택에너지효율검사원, 온실가스인증심사원, 신재생에너지전문가, 전기자동차개발자, LED제품개발자, 연료전지전문가, 바이오에너지전문가, 기후변화전문가, 탄소배출권거래중개인, 폐기물에너지화연구원 등이 있으며 이외에도 한국직업사전에는 다음과 같은 직업들이 검색된다.

고분자재료연구원, 고분자화학연구원, 광화학연구원, 바이오에너지연구원, 수소에너지연구원, 신재생에너지사업자, 신재생에너지안전기술연구원, 에너지공정연구원, 에너지기기시험성능평가원, 에너지저장연구원, 에너지정책연구원, 에너지진단사, 온실가스관리컨설턴트, 온실가스에너지목표관리제검증심사원, 전기화학연구원, 전자제품에너지분석원, 폐자원에너지연구원, 해양바이오에너지연구원, 해양에너지시스템기술자, 발전운영계획관리자, 보온단열재성형원, 열처리검사원, 열처리원, 열환경안전관리원, 증열원, 증열처리원, 지열폐열연구원, 지열시스템설계기술자, 지열시스템천공기술자, 태양열발전시스템기술자, 태양열발전시스템운전원, 태양열발전연구원, 태양열소재개발원, 태양열시스템연구개발자, 태양열시스템정비원 등…….

물론 열, 에너지를 키워드로 찾았기 때문에 위에 있는 직업보다 훨씬 많은 직업이 있을 것이다.

에너지공학은 에너지를 효율적으로 획득하고 사용할 수 있도록 에너지 자원을 공학적으로 연구하는 학문이다. 에너지공학과에서는 에너지를 과다하게 생산할 경우 일어날 수 있는 사회·환경적인 문제들을 해결하기 위한 방법을 공부한다. 이를 통해 에너지공학의 발전에 기여할 전문기술 인력을 양성한다.

원자력, 화력 등 각종 에너지 자원의 생산과 이용을 연구하며, 에너지의 중요성이 더욱 커지면서 관련 분야가 점차 확대되고 있는 추세다.

에너지공학을 공부하기 위해서는 화학, 물리, 수학 등 기초과학에 대한 관심과 지식이 우선이다. 정밀함이 필요한 실험·실습이 많으므로 꼼꼼하고 차분한 성격이 요구된다. 관련학과로는 에너지환경시스템공학과, 원자핵공학과, 신재생에너지공학과, 에너지자원공학과, 원자력공학과, 수소에너지공학과, 환경에너지학과 등이 있다. 주요 교과목은 석유, 가스 등의 전통적인 에너지에서부터 바이오에너지, 천연에너지, 대체에너지 등 다양한 에너지 자원의 개발 및 생산, 이용 그리고 친환경 에너지 연구, 방사성폐기물처리 등을 공부한다. 에너지는 화학공학, 환경공학, 전기전자공학 등과도 많은 관련을 맺고 있어 학문의 연계성이 긴밀하다. 원자력공학과에서는 원자핵에서 방출되는 방사선 등을 에너지로 활용하기 위한 방안을 탐구하며 원자력발전소와 관련한 계측제어기술, 발전소 가동 및 감시진단 등을 연구한다. 기초과목은 자원처리공학, 암석역학, 지질공학, 원자력입문, 원자로실험실습, 핵공학설계, 신재생에너지, 지하수공학이고, 심화과목은 에너지환경공학, 에너지경제학, 자원처리공학실험, 미래에너지, 방사선공학, 방사성동위원소이용 등이다. 취득가능자격은 국가자격으로 원자로조종사면허, 방사성동위원소취급자일반면허, 핵연료물질취급면허, 원자력기사, 방사선비파괴검사기사 등이 있다. 학과 개설 대학은 다음과 같다.

건설공학군 신에너지·자원공학과	상지대학교
바이오환경에너지학과	부산대학교
수소에너지학과	동신대학교
신재생에너지공학과	광주대학교
신재생에너지공학전공	위덕대학교
신재생에너지전공	경북대학교
신재생에너지학과	경일대학교/경주대학교/중원대학교
에너지·화학공학전공	금오공과대학교
에너지·전기공학과	한국산업기술대학교
에너지공학과	경남과학기술대학교/단국대학교/우석대학교/ 제주대학교/한양대학교
에너지공학부	경북대학교
에너지과학과	경성대학교
에너지그리드학과	상명대학교
에너지기계공학과	경상대학교
에너지변환전공	경북대학교
에너지시스템공학과	한국교통대학교
에너지시스템공학부	중앙대학교 안성캠퍼스
에너지시스템공학부(원자력 전공)	중앙대학교
에너지시스템전공	부산대학교
에너지자원공학과	동아대학교/부경대학교/서울대학교/세종대학교/ 인하대학교/전남대학교/조선대학교/한국해양대학교
에너지자원플랜트공학과	관동대학교
에너지화공전공	경북대학교 상주캠퍼스
에너지화학공학과	인천대학교
에너지환경공학전공	동서대학교

원자력공학과	경희대학교/세종대학교/조선대학교/한양대학교
원자력 및 양자공학과	한국과학기술원
원자력시스템전공	부산대학교
원자력융합공학과	단국대학교
원자핵공학과	서울대학교
원전 · 제어시스템공학전공	위덕대학교
자원·에너지공학과	전북대학교
전기에너지공학과	계명대학교/대구가톨릭대학교/제주국제대학교/ 한국국제대학교
친환경에너지공학부	울산과학기술대학교
태양광에너지공학과	청주대학교
환경시스템공학과	고려대학교 세종캠퍼스
환경에너지공학과	경기대학교/명지대학교 자연캠퍼스/수원대학교/ 안양대학교/전남대학교
환경에너지융합학과	세종대학교
환경에너지학과	경주대학교

진출 분야는 에너지산업 관련 회사, 신재생에너지 관련 회사가 있고, 정부 및 공공기관으로는 한국에너지공단, 한국원자력안전기술원, 한국에너지기술연구원, 한국가스공사, 한국전력, 한국수력원자력, 한국원자력연료주식회사 등이 있다. 진출 직종은 건축안전기술자, 공학계열 교수, 발전설비기술자, 변리사, 비파괴검사원, 산업안전원, 에너지시험원, 에너지공학기술자, 에너지진단전문가, 원자력공학기술자, 위험관리원, 전기안전기술자, 폐기물처리기술자 등이 있다.

출처 : 워크넷 http://www.work.go.kr

양기(養氣)와 웰빙

우리 민족은 에너지가 충만한 민족이다. 아니, 충만하다 못해 넘쳐흐르는 역동성으로 우리나라는 세계 그 어느 나라도 불가능하다고 생각했던 경제부흥을 단기간 내에 이루어냈다. 또한 요원하게만 느껴졌던 민주화의 소망을 '우리의 힘'으로 일구어냈다. 정치, 경제뿐 아니라 사회, 문화, 예술, 스포츠 분야에 이르기까지 '작지만 매운 고추의 힘'은 세계 어디에서나 유감없이 당당하게 발휘되고 있다.

대한민국의 면적은 100,188.1㎢로 세계 107위이다. 그러나 2018년 통계청 KOSIS기준에 따르면 인구 5,178만 명에 28위, 국내총생산은 1조 7,208억 9천만 달러로 10위, 세계 브랜드 가치 10위, 수출 6,048억 5,965만 7천 달러로 4위, 수입 5,352억 242만 8천 달러로 6위에 이르는 거대 국가(?)로 성장했다. 한편 세계에서 1차

에너지 공급 8위, 석유소비 7위, 전력소비 7위, CO_2 배출 7위 등 대표적인 에너지 다소비 국가이기도 하다.

6·25전쟁으로 잿더미가 되었던 나라가 불과 수십 년 만에 이제는 세계가 부러워하는 번영된 나라로 성장했다. 원조받는 나라에서 원조하는 나라로 변신했다. 그런데 국내에서는, 특히 외환위기 이후 계층이동이 줄어들고 중산층이 줄어들면서 잘사는 사람은 더 잘살고 못사는 사람은 더 못사는 양극화 현상이 가속화되면서 헬조선이라며 자조하고 있다.

이렇듯 심각한 빈부격차, 불공정 경쟁에 의한 상대적 박탈감에도 불구하고 우리나라는 객관적인 수치로 봐서는 세계에서 너무도 잘사는 나라가 되었다. 그래서 세계 어느 곳을 가도 높아진 위상을 느낄 수 있다. 자국에서 자동차를 직접 생산하는 나라로서, 게다가 전 세계에 수출하고 있으며, 첨단 비행기를 만들기까지 하고 모바일, 반도체 일부 분야에서 세계 1위를 질주하는 나라로 도약했다.

특히 코로나19 감염병 팬데믹(Pandemic)에 세계적으로 인정받은 우수한 우리나라 의료보건 시스템까지! 어디 이뿐이랴. 한류로 대표되는 문화와 예술, 스포츠 분야에 이르는 빼어난 활약상을 보면 입이 쩍 벌어질 뿐이다.

분명 우리는 잠재된 에너지가 풍부한 민족임에 틀림없다는 생각이 든다. 그러나 이러한 에너지는 물론 하루아침에 생겨난 것은 아닐 것이다. 이는 우리의 유구한 전통과 역사 속에서 길러진 '기(氣)', 민족적 힘을 나타내는 것이 아닌가 하는 생각이다.

예부터 동양에서는 우주를 구성하고 있는 두 가지 요소가 있는데 하나는 이(理)요, 다른 하나는 기(氣)라고 보아왔다.

역사적으로 보면 16세기에 이르러 조선의 성리학에서의 관념적인 이기론을 중심으로 논쟁이 이루어졌다. 이(理)와 기(氣)에 의한 존재론적 규정과 생성론적 설명은 두 가지 원칙 위에서 관계를 맺고 있다. 이(理)와 기(氣)는 서로 떠날 수 없는 관계 위에 있고, 또 동시에 서로 섞일 수도 없는 관계에 있다. 그런데 이(理)가 먼저냐 또는 기(氣)가 먼저냐에 대한 학설은 우주의 근본을 이(理)라 생각하는 주리설과 기(氣)라고 하는 주기설로 크게 양분된다.

이러한 논쟁을 이기론이라고 하는데, 우리나라의 유명한 성리학자인 퇴계 이황 선생은 주리설을, 율곡 이이 선생은 주기설을 주장했다. 간단히 설명하자면 주리론은 우주의 근본을 이(理)로 보고 이성과 기백 및 인간의 도덕적 의지에서 찾으려는 이론으로 근본적, 이상주의적 경향이 강하다. 반면에 주기론은 우주의 근본을 물질적인 기(氣)에 두고 감성과 외형적인 현실에 관심을 쏟는 이론으로 현실적, 개혁적, 경험적 성향이 강하게 나타난다고 할 수 있다.

이같이 우주의 본질로서 생각되고, 인간의 본질과 부합된다고 여겨지는 이(理)와 기(氣)는 대체 무엇인가에 대한 학설은 다양하지만 대체로 이(理)는 정신적인 존재, 즉 좁은 의미로는 사물의 원리 내지 법칙이며, 넓은 의미로는 우주의 본체, 기(氣)는 물리적 혹은 물질적인 존재로 구분된다고 할 수 있다.

서양의 관점에서 볼 때에도 만물 또는 우주를 구성하는 기본요소로 물질의 근원 및 본질로서 이(理)는 이념에, 기(氣)는 에너지에 가깝게 보는 것 같다. 그러나 서양사상의 우주관과 인간관은 마음과 물질이라는 이원론이 데카르트 철학을 통해 선명한 형태로 형식화되면서 물질세계와 정신세계가 각기 독립된 세계로 구분되고 있는 것을 볼 수 있다. 따라서 서양 사람들은 에너지를 순전한 물질로 생각하는 경향이 강해 보인다.

이에 대해 동양 유교권 사상에서는 기(氣)를 단순한 물질로만 여기지 않고 그 가운데 정신을 내포하고 있는 존재로 생각해왔다고 보인다. 따라서 동양에서는 예부터 기(氣)를 잘 기르면 정신수양과 육체건강을 한꺼번에 이루어낼 수 있다고 생각해왔다.

이상 한국철학사에 있어서 이기이원론이라는 철학적 이론을 단순하게, 그리고 대략적으로 표현해보았다. 이기이원론에 대한 전문 학자 수준의 정교한 논리는 아니다. 이에 대한 양해를 구한다. 다만 학술적인 차원을 떠나 평소 에너지와 기(氣)에 대한 생각을 나름대로 피력해본 것이다.

요즘 웰빙이라는 말이 흔하게 쓰이고 있다. 웰빙의 개념이 과거 그저 단순히 '잘 먹고 잘살자'는 의미에서 최근에는 건강한 육체와 정신을 동시에 추구하는 라이프스타일 혹은 문화코드로 새롭게 해석되고 있다.

일반적으로 웰빙을 추구하는 사람들은 육체적으로 질병이 없는 건강한 상태뿐 아니라, 직장이나 공동체에서 느끼는 소속감이나 성취감의 정도, 여가생활이나 가족 간의 유대, 심리적 안정 등 다양한 요소들을 웰빙의 척도로 삼는다. 따라서 몸과 마음, 일과 휴식, 가정과 사회, 자신과 공동체 등 모든 것이 조화를 이루어 어느 한 쪽으로 치우치지 않은 상태를 의미한다.

웰빙을 추구하는 사람들을 '웰빙족'으로 부른다. 일반적인 그들의 모습을 그려보면, 고기 대신 생선과 유기농산물을 즐기고, 단전호흡·요가·암벽등반 등 마음을 안정시킬 수 있는 운동을 하며, 외식보다는 가정에서 만든 슬로우푸드를 즐겨 먹고, 여행과 등산 및 독서 등 취미생활을 즐기는 등의 모습이 떠오른다.

이러한 웰빙시대와 연계하여 필자는 에너지 문제에 대해서 동양적 양기(養氣)라는 개념을 접목해볼 필요가 있다고 생각한다.

앞서 언급했듯이 오늘날 우리는 전쟁의 잿더미 속에서 고도의 산업화를 이룩해내며 일찍이 꿈꿔보지 못했던 풍요로운 삶을 살고 있다. 또한 그와 함께 정치의 민주화도 성취해서 과거에 누려보지 못했던 자유와 인권을 누리며 산다.

그러나 그 그늘에서는 이 시대, 이 사회가 지난날 오랜 기간 동안 간직해온 중요한 덕목이 스러져 가고 있음을 느낀다. 그것은 우리만의 덕목이 아니라 인류 보편의 덕목이다. 뿐만 아니라 그것은 일본과 독일 등 유럽 선진국에서는 아직도 소중하게 간직하고 있는 덕목이기도 하다. 바로 근검과 절약, 곧 '절제'의 덕목이다. 그리고 이것은 비단 물질적인 것에만 국한되는 얘기가 아니다. 게다가 이러한 절제의 덕목은 빈곤이 일상화되었던 '과거'의 덕목만이 아니다. 최근 지구 온난화로 인류의 생태환경이 갈수록 심각한 파국에 빠져드는 '미래'를 위해서도 다시 생존을 위한 절체절명의 정신적 덕목이 되고 있다.

근검절약, 절제……. 아낀다는 것은 내키는 대로의 욕망을 삼가는 것, 근신하는 것이다. 에너지 문제도 마찬가지 아닐까. 에너지를 절약하는 것은 단순히 에너지 자체만 축적시키는 것이 아니라 우리의 정신까지도 잘 기르고 훈련하는 일이라고 생각할 수 있다. 에너지는 정신과 물질이 한데 통합된 것이기 때문에 그 자체로 고귀한 존재다.

그러므로 에너지 자체를 무엇보다도 소중히 생각해야만 한다. 소중한 것은 함부로 쓰지 않게 된다. 우리가 에너지를 함부로 쓰지 않고 아껴 쓰면 물질적인 에너지가 늘어나는 것은 두말할 것도 없지만, 우리의 정신적 에너지도 잘 길러진다. 그야말로 몸과 마음이 더욱 편안하고 건강해진다. 동양에서 예부터 기(氣)를 잘 기르면 정신수양과 육체건강을 한꺼번에 이루어낼 수 있다고 생각해온 바와 일맥상통한다.

정신과 물질적 에너지를 고루 자제하고, 아끼며 길러가는 우리 전통의 양기(養氣)사상! 건강한 육체와 정신을 동시에 추구하는 웰빙시대를 살아가는 우리들이 선택하고 추구해야 할 새로운 패러다임이자 라이프스타일이 아닐까? 더 나아가 개개인의 축적된 기(氣)를 모아모아 그 어떠한 어려움이 있어도 '꿈을 이루어낸' 민족의 저력으로 현재의 위기 상황을 현명하게 극복해야 할 때가 지금이 아닌가 하는 생각이다.

지속가능 먹거리 문화로 가는 길

요즘 TV와 인터넷. 뭐니뭐니 해도 먹방이 대세다. 먹거리 콘텐츠가 방송과 인터넷을 통해 쏟아져 나온다. 특히 저녁 6~7시경 몇몇 TV 채널을 돌려보면 대다수가 먹방이다. 건강과 맛을 추구하는 것은 기본이고, 새로운 아이디어와 정서적 접근을 통해 집밥, 골목식당, 토속음식, 프랜차이즈 음식점들의 배달 메뉴까지 다양하게 소개하고 있다. 먹거리가 부족해 힘겨웠던 과거에 비하면 확실히 풍요로움 속에 살고 있는 듯하다. 특히나 과거 우리의 채식 위주의 식문화가 요즘은 한우 등 고급스러운 육류를 탐닉하듯 즐기는 문화로 변모하고 있는 것 같다. 보기에 따라서는 과하다 싶을 정도로 게걸스럽게 말이다.

그러나 한편에서는 단순히 개인의 건강뿐 아니라 우리가 함께 사는 지구를 위해 육식을 하지 않거나 줄이겠다고 선언하는 이들이 점차 늘고 있다. 이는 축산을 위한 거대한 방목지 조성으로 인해 산림생태계가 훼손될 뿐 아니라 소, 돼지 등 가축이 내뿜는 메탄 등이 지구온난화에까지 상당한 영향을 미치기 때문이다. 그간 인간 중심의 이기적인 발전을 거듭해온 우리의 먹거리 문화가 이제는 한계에 직면했다는 얘기다.

서구에서는 로하스(Lifestyles Of Health And Sustainability) 문화가 점차 퍼지고 있다. 로하스는 2000년 미국의 내추럴마케팅연구소가 처음으로 사용한 말이다. 공동체 전체의 보다 더 나은 삶을 위해 건강과 환경, 사회의 지속적인 발전을 심각하게 생각하는 소비자들의 생활패턴을 이르는 말이다.

생명과 환경을 위해 육식을 줄이거나 채식을 선언하는 이들이 늘어나고 있으며, 이는 지구온난화로 대표되는 지속가능성 위기가 그만큼 심각하다는 뜻이다. 다른 한편으로는 인류가 이제 다른 생명체에게 존중을 표하고 책임을 져야 한다고 의식하는 성숙한 단계에 진입하고 있다는 뜻으로 해석할 수 있다.

일반적으로 채식주의자의 분류는 다음과 같다.

- 비건: 동물과 동물성 식품을 일절 섭취하지 않는 가장 엄격한 채식으로, 과일, 채소, 견과류를 주로 섭취.
- 락토 베지테리안: 육류나 생선, 동물의 알 등의 섭취를 금지하되 유제품

섭취는 가능.

- 오보 베지테리안: 비건에서 동물의 알만 섭취.
- 락토 오보 베지테리안: 채소와 과일, 유제품과 동물의 알을 섭취하는 가장 일반적인 채식주의자.
- 페스코 베지테리안: 육식의 섭취는 불가하나 생선과 해산물은 섭취.
- 폴로 베지테리안: 가금류(닭이나 오리고기 등) 이외의 육식은 금지하는 채식주의.
- 플렉시테리안: 세미베지테리안. 평소 주로 채식. 상황에 맞게 육류 섭취 허용. 유연한 채식주의자.

그렇다면 과연 갈수록 심해지는 지구온난화와 기후위기를 신재생에너지 개발, 보급과 에너지 효율성 향상에만 초점을 맞춘다고 막을 수 있을까? 결론부터 말하자면 부정적이라는 주장이 우세하다.

신재생에너지로 지구의 온도 상승을 막으려면 설치 비용만 최소 18조 달러 이상이 필요하다고 한다. 설치기간도 최소 20년 이상은 걸릴 것이다. 그런데 많은 기후 전문가들은 기후 재앙이 현재로부터 5~10년 사이에 극적으로 악화될 것이라 예견하고 있다. 그러므로 신재생에너지 분야는 장기적인 관점에서 지속적으로 개발, 확장해 온실가스 배출과 탄소를 저감시켜야 할 분야다.

그런데 한국채식문화원 고용석 공동대표에 따르면 다른 한편으로 단기적 효과를 거둘 수 있는 방법도 생각해볼 수 있다고 한다.

23년간 세계은행 수석 환경자문위원을 지낸 로버트 굿랜드 박사가 《월드워치 매거진》에 발표한 자료에 따르면, 인류가 축산품의 25%를 대체 제품으로 바꾸기만 해도 5~10년 내에 기후변화를 완화하는 데 큰 성과를 이룩해낼 수 있다고 한다.

"1945년 이래 전 세계 인구는 3배 증가했다. 가축 수는 6배 증가했다. 축산업은 인류가 사용하는 농경지의 80%를 차지하고 시장에 나오는 곡물의 50%와 어획고의 절반을 사료로 사용한다. 그만큼 사료 등에 투여되는 에너지의 소비도 막대하다. 그런데 현재 소비되는 축산품의 4분의 1을 육류 대체품으로 전환할 경우 국가 간 기후변화 협상의 목표치에 도달할 수 있을 것이다. 소 방목과 사료 재배로 인해 황폐해진 지역이 회복되고, 벌목 등으로 사라지는 숲을 감소시킬 수 있다."

"더욱 의미 있는 것은 만약 한국의 전통 식습관을 전 세계가 받아들이거나 전 세계가 축산 제품의 25%를 대체품으로 전환한다면 세계 곡물 생산량의 40%를 다른 용도로 활용할 수 있다. 이는 대략 30억 인구에게 충분한 칼로리와 영양분을 제공할 수 있는 양이다. 2050년까지 세계 인구가 90억에서 100억으로 증가될 것으로 예상한다면 매우 의미 있는 수치다."

그렇다면 축산 제품을 대체할 수 있는 단백질은 어디에서 얻을 수 있을까?

여기에서 필자는 또 하나 재미있고도 의미 있는 주장에 귀를 기울여본다. 이는 다름 아닌 식용 곤충! 곤충은 징그럽고 혐오스럽다는 선입견이 큰 편이다. 하지만 곤충이 최근 들어 사람이 섭취하는 단백질원, 가축의 사료 등 식용으로 주목받으면서 국내 곤충시장이 빠르게 성장하고 있다. 우리가 지난 시절 즐겨먹던(?) 번데기라든가, 맥주 안주 등으로 애용되었던 메뚜기튀김 등을 기억해본다면 쉽게 이해할 수 있다.

2020년 농림축산식품부가 서울대에 의뢰한 연구용역 보고서에 따르면, 국내 곤충시장은 2011년 1,680억 원에서 2018년 2,648억 원으로 성장했다. 2020년 예상 시장 규모는 2018년보다 1,000억 원쯤 커진 3,616억 원이다.

식용의 관점에서 곤충은 경제성이 우수하고 친환경적이다. 유엔식량농업기구(FAO)가 2013년부터 10년 동안 진행한 세계 식용·사료 곤충에 대한 연구 조사 결과를 보면 1kg의 단백질을 얻기 위해 소는 10kg의 사료를 먹어야 하지만 곤충은 1.7kg의 사료만 먹어도 될 정도로 생산성이 우수하다. 그만큼 효율적이고 에너지 절약적이라는 얘기다.

또 소와 곤충의 온실가스 배출량과 물 사용량 비율도 각각 2850대 1과 1500대 1일 정도로 친환경적이라 한다. 세계 경작지의 33%가 가축 사료용 작물 생산에 이용되고, 사료용 작물 경작지 확대를 위해 매년 엄청난 크기의 산림이 파괴된다는 점을 고려하면 곤충 단백질의 유용성을 판단할 수 있다. 이밖에 식용 및 사료로 사용되는 곤충의 경우 곡물의 껍질이나 찌꺼기를 주요 먹이로 하기 때문에 인간과 먹이경쟁을 하지 않는다는 점도 고무적인 일이다.

FAO에 따르면, 곤충은 아미노산과 단백질, 불포화 지방산 함량이 높아 영양학적 가치가 매우 크다. 또한 소고기와 비교해도 미네랄과 비타민, 섬유질의 함량이 훨씬 풍부하다.

그래서 실제로 해외에서는 이미 곤충을 식용으로 이용하는 사례가 많이 있다. 특히 네덜란드에서는 슬리그로라는 곤충식품 유통회사가 설립되어 식용곤충을 제조, 판매하고 있다. 영국, 프랑스, 벨기에, 미국 등 선진국에서도 초콜릿, 쿠키, 술 등을 제조해서 판매하고 있다. 제품 외에도 곤충식품을 메뉴로 하는 다양한 카페 및 레스토랑이 증가되고 있는 추세다.

또한 가축이 내뿜는 온난화 가스는 전 세계 온실가스 배출량의 18%나 차지한다. 이는 사람이 이용하는 전체 교통수단 13.5%보다 높은 수치다. 그런데 곤충은 이에 비교하기 힘들 정도로 메탄이나 이산화탄소 발생량이 적다.

또 하나의 흥미로운 주장은 대체육이다. 대체육은 말 그대로 육류를 대체할 수 있는 식품이다. 식물로 만드는 식물육과 줄기세포를 이용해 만드는 배양육 두 종류로 나뉜다. 배양육은 고기 배양에 최소 2주가 걸리기 때문에 환경적 이점이 적고 가격도 비싸다. 반면 콩 등에서 단백질을 추출하는 방식의 식물육은 에너지 사용과 온실가스 배출이 적다. 가격도 저렴해 이미 유명 프랜차이즈점에서 식물육 버거가 시판 중이다.

최근 대체육시장의 성장세는 가히 폭발적이다. 2030년까지 매년 28%씩 성장할 것으로 전망된다. 이는 육식을 꺼리는 사람이 꾸준히 늘고 있기 때문이다. 이유는 여러 가지가 있겠지만 역시 건강, 동물복지, 지구온난화 방지, 환경보호 등이 주를 이룬다. 마이크로소프트 창업자인 빌 게이츠가 "식물성 고기야말로 미래의 음식"이라며 임파서블 푸드라는 미국의 식물대체육 회사에 거액을 투자한 것도 이런 까닭이었다고 한다.

2019년 5월 베를린에서 열린 '육류 소비를 위한 세계정상회담 2018'에서 전 세계 채식주의자들이 채택한 의제는 '50by40'으로, 2040년까지 육류소비량을 50% 감축하기 위한 전략이 논의되었다. 또한, 중국 정부는 14억이 넘는 인구로부터 심각하게 배출되고 있는 온실가스를 줄이기 위해 2030년까지 육류 소비를 50% 줄이는 정책을 내세웠다.

세계적인 영화배우 아놀드 슈왈제네거, 엠마 톰슨, 전설적 그룹 비틀즈의 전 멤버 폴 매카트니, 영화 〈아바타〉의 제임스 카메론 감독 등 유명 인사들도 채식 '만세', 육식 '반대' 운동에 앞장서고 있다. 이와 같이 온실가스 배출과 기후변화는 국가 경계를 초월하는 지구촌의 문제다. 이제 우리는 기존의 패러다임을 깨뜨려버릴 획기적인 방안이 필요하다.

식단 변화를 통해 온실가스를 감축하자는 일부의 주장은 기존의 관점에서 볼 때는 하찮게 여겨질 수도 있을 것이다. 그러나 패러다임까지 거론하는 이 절대적 위기의 순간에 어쩌면 이 방법이야말로 적은 비용으로 더 많은 효과를 가져올 수 있는 현명한 선택이 될지 아무도 모르는 일이다. 특히 우리나라는 초지가 부족하고 경작지가 감소하고 있다. 더구나 식량 자급도가 열악한 것이 현실이다. 이 때문에 정부가 축산 농가의 전업에 대한 장기계획을 세워 축산업을 점차 축소하고, 대신 농업, 특히 유기농업을 지원해야 한다는 학자들의 주장에 전적으로 동의한다. 아울러 소비자를 대상으로 이제는 육류 소비를 줄여야 하는 이유를 알리고 육류 대체제(예를 들면 식용곤충, 콩고기 등의 대체육)를 찾아 개발, 보급하는 정책도 필요하다고 생각된다.

필자는 채식주의자는 아니다. 그리고 관련 분야에 전문가적 견해를 가지고 있다고 할 수 없다. 하지만 육류를 생산하기 위해 과도하게 파헤쳐지는 화석연료와 파괴되는 숲, 토지침식, 물과 에너지 낭비와 음식물쓰레기 등을 고려한다면 이제는 지나친 육류 소비를 줄이는 길을 찾아가야 할 것이라는 주장에 깊이 공감하고 동의한다.

가자! 이제는 먹거리도 지속 가능한 자원절약 문화로!

에너지는 힘, 절약은 더 큰 힘

최근 우리나라 기후는 지구온난화의 영향으로 겨울은 확연히 온화해지고 여름은 뜨거워지고 있다. 이에 따라 여름철 냉방을 위한 전력수요는 매년 정점을 찍고 있다. 하지만 이러한 상황을 바꾸어 생각해보면, 오히려 여름철이야말로 절전이 가장 큰 효과를 발휘하는 시기라고 볼 수 있다. 냉방 전력의 10%만 줄여도 100만kW급 발전소 3기를 건설하는 효과를 얻을 수 있기 때문이다. 따라서 우리에게 필요한 것은 생활 속의 지혜로운 절전이다. 사실 연일 지속되는 무더위에도 전기요금이 걱정되어 선풍기나 에어컨 등 냉방장치를 마음껏 켜지 못하는 경우가 많이 있다. 이에 매년 더 길어지고 더 더워지는 여름을 버티기 위해 가정에서 전기요금도 절약하고 정전 등의 사고를 예방하는 방법 몇 가지를 소개한다.

먼저, 가전제품을 구입할 때 '에너지소비효율등급'을 확인하시는지 묻고 싶다.

우리나라 에너지소비효율등급은 1~5등급으로 나뉜다. 에너지소비와 보급률이 높은 제품에는 의무적으로 에너지소비효율등급을 부착하게 되어 있다. 제품에 있는 에너지소비효율등급 스티커에는 소비효율과 함께 제품을 1시간 사용할 경우 이산화탄소 배출량, 그리고 1년 예상 전기요금 등이 표시되어 있다.

에너지효율관리제도 중 하나인 에너지소비효율등급 표시제도는 에너지를 사용하는 기기의 효율 향상과 고효율 제품의 보급 확대를 위한 프로그램이다. 소비자에게 에너지효율 성능에 대한 정보를 제공해 고효율 제품의 구매를 촉진하고, 업체들에게 에너지 효율 향상 기술개발을 유도하는 것이 목적이다.

에너지소비효율등급은 전기 절약에 매우 중요한 역할을 한다. 연간 에너지 비용 표시가 실제 전기요금과 밀접한 관련이 있기 때문이다. 고효율 제품을 구매할 경우 에너지소비량과 요금을 줄일 수 있다. 여름철 대표적인 냉방장치인 에어컨을 에너지 효율 1등급 제품으로 사용하면 같은 시간 동안 사용하더라도 5등급 제품보다 30~40% 이상 전기료를 절감할 수 있다. 에너지소비효율 1등급 제품은 다른 등급 제품보다 에너지 절약 효과가 월

등히 높다.

가정용 전기요금의 경우 구간이 1~3단계로 나뉘어 있다. 전기요금 폭탄을 막기 위해서는 급격히 요금이 오르는 구간대를 넘기지 않는 것이 중요하다. 1단계는 200kWh 이하 기본 910원 전력량 요금 93.3원/kWh, 2단계 201~400kWh이하 기본 1,600원 전력량 요금 187.9원/kWh, 3단계 401kWh 이상 기본 7,300원 전력량 요금 280.6원/kWh이다. 요금단가 구조로 구간별 전력량 요금은 201kWh 이상이면 2배, 401kWh 이상이면 3배 요금이 부과된다. 이를 참고해서 수시로 전력사용량과 전기요금을 계산해보는 것도 비용을 줄이는 한 방법이 될 것 같다. 한국전력공사 홈페이지를 이용하면 간단한 방법으로 전력사용량과 요금을 체크해볼 수 있다.

가정에서 여름철 전기요금을 아끼기 위해 에너지소비효율등급이 높은 제품을 사는 것 외에 어떤 방법이 있을까?

에너지 효율을 높이는 또 다른 방법은 '청소'다. 에어컨의 경우 필터를 청소하지 않으면 평균 소비전력이 3~5% 정도 증가하고, 월 1~2회를 청소할 경우 한 달 기준 약 10.7kWh의 전력을 절약할 수 있다.

청소기도 마찬가지다. 청소기 필터의 먼지를 제거할 경우 에너지 효율이 높아져 흡입 속도를 낮춘 상태로 사용 가능하다. 이럴 경우 전기요금을 줄일 수 있다. 청소기는 모터가 지속적으로 고속회전해 시간당 전력소비량이 높은 제품이다. 청소기의 흡입 속도를 한 단계만 낮춰도 에너지 절약 효과가 나타난다.

그리고 전력을 최소화하는 방식으로 에어컨을 사용하는 것도 에너지 효율을 높이는 방법이다. 에어컨의 희망온도를 26℃ 정도로 설정해 놓을 경우 전기요금을 절약할 수 있다. 실외와 실내 온도 차이가 지나치게 클 경우 낮은 온도를 유지하기 위해 많은 전력이 소모되기 때문이다.

처음 에어컨을 틀 때 바람세기를 강하게 하는 것도 중요하다. 실내의 더운 공기를 외부로 배출하는 역할을 하는 실외기가 전기 요금의 주범이므로 서서히 온도를 낮춰 실외기 사용시간을 늘리는 것보다는 강풍으로 짧은 시간 안에 빨리 온도를 낮추는 것이 요금을 줄일 수 있는 방법이다. 에어컨은 흡입되는 공기를 일정온도가 될 때까지 서서히 냉각하므로 선풍기를 에어컨 방향으로 같이 틀면 에어컨을 강으로 운전하는 것과 같은 효과를 볼 수 있다.

이제 주방을 한번 살펴보자. 가정에서 자주 사용하는 전기밥솥은 크기가 작아 간과할 수 있지만 에너지 낭비의 복병이다. 전기밥솥의 경우 '7시간 보온=새로 밥 짓는 전력'이다. 취사가 끝난 후 무심코 이어지는 보온기능에서 에너지가 새고 있다. 따뜻한 밥을 먹기 위해 '전기밥솥 보온 1시간 VS 전자레인지 5분'이라는 상황을 가정하면, '전기밥솥 보온 1시간'이 전자레인지를 사용하는 것보다 월평균 약 4.5배의 에너지를 더 소비하며, 요금으로는 월 약 1만 원의 차이가 발생한다. 전기밥솥이라는 가전제품 하나에서 이 정도의 에너지 절약이 가능하다면 보온 기능을 끄는 것도 충분히 도전해볼 만하지 않은가.

여기서 더 나아가 전기밥솥이 아닌 압력밥솥으로 1일 2회씩 1달간 밥을 할 경우, 전기밥솥은 약 12만 원, 압력밥솥은 약 16,400원 가량의 에너지를 사용한다. 압력밥솥이 전기밥솥에 비해 약 7분의 1 수준의 에너지만 사용한다. 압력밥솥은 에너지 절약은 물론 짧은 조리시간, 맛있는 밥맛이라는 일석삼조의 효과가 있다.

1년 365일 사용하는 냉장고는 어떨까? 냉장고는 지속적으로 전력을 소비하기 때문에 간단한 절약 팁만 알고 있다면 효율적인 사용이 가능하다.

우선 냉장실은 60%만 채우고, 냉동실은 가득 채울수록 전기가 절약된다. 주기적으로 청소해주는 것이 좋으며, 계절별로 적정

온도를 설정(겨울 1~2℃, 봄과 가을 3~4℃, 여름철 5~6℃)해 놓는 것도 효율적인 냉장고 가동 방법이다. 식품은 잘게 나누어 저장하면 빨리 냉각되어 전기를 절약할 수 있다. 냉장고 설치 시에는 냉장고 뒷면이 벽면과 10㎝ 이상, 측면은 30㎝ 이상 떨어지게 설치하면 냉장고 효율이 10% 이상 차이날 수 있다.

현대인들은 많은 시간을 TV나 컴퓨터, 스마트폰 앞에서 보내고 있다. 전력소비도 그에 비례해 늘고 있는 추세다. 최근 판매되는 TV는 대형화로 소비전력이 커 사용량을 1일 1시간 줄여도 많은 도움이 된다. 또한 TV 화면을 너무 밝게 설정하면 일반모드나 영화모드에 비해 10~20W 이상의 전력을 소비하니 적절한 밝기로 설정하고 TV와 함께 사용되는 셋톱박스는 소비 및 대기전력이 높은 기기 중 하나이므로 미사용 시에는 반드시 전원을 차단하자.

컴퓨터의 경우 부팅할 때는 모니터를 켤 필요가 없으니 부팅 후 1분 뒤에 모니터를 켜는 것부터 에너지 절약이 시작된다. 또한 다양한 절전모드를 사용해 불필요한 낭비를 줄일 수 있다. 그리고 USB 등을 넣어두면 부팅과 탐색 시 드라이브가 작동하여 전기가 더 소비될 수 있으니, 사용하지 않는 USB를 빼두어 불필요한 전기 낭비를 방지하자.

세탁기의 경우 사용 횟수를 줄이는 것이 중요하다. 세탁기 용량의 80% 가량을 채워 세탁해도 세탁 효과에는 지장이 없다. 또, 절약모드를 사용하고, 탈수는 5분 이내로 사용한다면 가장 효율적인 세탁을 했다고 할 수 있다. 여기서 우리가 놓치기 쉬운 부분이 바로 찬물로 세탁하기다. 더운물로 세탁을 할 경우 무려 에너지의 90%가 물을 데우는 데 소비되니 세탁 시 가급적이면 찬물을 이용하는 것이 에너지를 절약할 수 있는 방법이다.

지금까지 가정에서 실천할 수 있는 에너지절약 팁에 대해 알아보았다. 가정 부문은 우리나라 전체 에너지 소비에서 큰 비중을 차지하지는 않지만, 우리 생활에 가장 밀접하고 에너지절약 실천에 대한 피드백 체감도가 가장 큰 분야다. 특히 어린이나 청소년이 있는 가정일 경우 이러한 실천들을 통해 자연스럽게 에너지절약 습관을 들이는 것이 무엇보다도 중요하다. 어릴 적 절약하는 습관을 들이면 성장해가면서 절제하고 어려움을 이겨내는 정신력을 배양해 나갈 수 있기 때문이다. '에너지는 힘, 절약은 더 큰 힘'이다.

생활속 에너지절약 실천 Tip

우리 집, 우리 사무실 전기요금 얼마나 줄일 수 있을까?
상황별 절감량과 절감액을 알아보자.

01. 전기 흡혈귀, 전기 플러그 뽑기

월간 전기 절감량 15.6kWh

도시 4인 가구 월평균 전기사용량(312kWh) × 절감률(5%) = 15.6kWh/월

월 절감액 2,931.2원

전력소비량(15.6kWh)×가정(주택)용 전력단가*(187.9원/kWh) = 2,931.2원

*저압/하계(201~400kWh) 구간 적용.(2019.7.1. 기준)

02. 권장 냉난방 온도 준수하기

월간 전기 절감량 4.4kWh

월간 냉방전력소비량(31.7kWh) × 냉·온풍기 온도 2℃ 조정할 때 전기 절감률(14%) = 4.4kWh/월

월 절감액 826.7원

전력소비량(4.4kWh) × 가정(주택)용 전력단가(187.9원/kWh) = 826.7원

03. 전기 먹는 하마, 전열기 사용 줄이기

월간 전기 절감량 176kWh

전열기 소비전력(1.1kW) × 하루 사용시간(8h) × 월간 사용일수(20일) = 176kWh/월

월 절감액 33,070.4원

전력소비량(176kWh)×가정(주택)용 전력단가(187.9원/kWh) = 33,070.4원

04. 충전 완료시 충전기, 어댑터 전원 빼기

월간 전기 절감량 36kWh

어댑터 소비전력(10W) × 한가정 어댑터 개수(5개) × 일 사용시간(24h) × 월 사용일수(30일) = 36kWh/월

월 절감액 6,764.4원: 전력소비량×가정(주택)용 전력단가 → 36kWh×187.9원/kWh=6,764.4원

05. 창가 자연 빛을 활용하고 조명은 꺼두기

월간 전기 절감량 25.6kWh

창가 전등 수(4개) × 전등 소비전력(40W) × 일 사용시간(8h) × 월 사용일수(20일) = 25.6kWh/월

월 절감액 4,810.2원

전력소비량(25.6kWh) × 가정(주택)용 전력단가(187.9원/kWh) = 4,810.2원

06. 냉장고 음식물 60%만 채우기

월간 전기 절감량 7.2kWh

시간당 냉장고 공간을 90%에서 60%로 비웠을 때 절약되는 소비전력(25W) × 일 사용시간(24h) × 냉동기 가동율(0.4) × 월 사용일수(30일) = 7.2kWh/월

월 절감액 1,352.9원

전력소비량(7.2kWh) × 가정(주택)용 전력단가(187.9원/kWh) = 1,352.9원

07. 청소기 필터 비우기

월간 전기 절감량 1.4kWh

진공청소기 소비전력(1.4kW) × 일 사용시간(0.5h) × 청소기 필터 비우기 및 한 단계 낮게 조정할 때 절감률(10%) × 월간 사용일수(20일) =1.4kWh/월

월 절감액 263.1원

전력소비량(1.4kWh)×가정(주택)용 전력단가(187.9원/kWh) = 263.1원

08. 냉장고 적정온도 설정하기

월간 전기 절감량 3.2kWh

냉장고 월소비전력량(40kWh) × 온도 2℃ 내렸을 때 절감률(8%) = 3.2kWh/월

월 절감액 601.3원

전력소비량(3.2kWh) × 가정(주택)용 전력단가(187.9원/kWh) = 601.3원

09. 안 쓰는 냉온수기 꺼두기

월간 전기 절감량 28.6kWh

월간 냉온수기 소비전력(50kWh) × 월 비사용시간(10시간/일 × 22근무일 + 24시간 × 8휴일=412h)/720시간 = 28.6kWh/월

월 절감액 3314.7원

전력소비량(28.6kWh) × 일반용(사무실 기준) 전력단가*(115.9원/kWh) = 3314.7원

*일반용 전력(갑Ⅰ) 계약전력 300kW미만 고압(A) 선택Ⅰ 여름철 적용.(2013. 11. 21. 기준)

10. 안 쓰는 전자레인지 플러그 뽑기

월간 전기 절감량 2.16kWh

전자레인지 대기전력(3W) × 일 사용시간(24h) × 월간 사용일수(30일) = 2.16kWh/월

월 절감액 405.8원

전력소비량(2.16kWh) × 가정(주택)용 전력단가(187.9원/kWh) = 405.8원

11. 식기세척기 가득 찰 때만 돌리기

월간 전기 절감량 6.4kWh

일간 식기세척기 소비전력(1.06kW) × 월 사용일수(30일) × 월간 30회→24회로 가동 횟수 줄였을 때 절감률(20%) = 6.4kWh/월

월 절감액 1,202.6원

전력소비량(6.4kWh) × 가정(주택)용 전력단가(187.9원/kWh) = 1,202.6원

12. 찬물로 세탁하고 전기 사용량 30%를 절약하기

월간 전기 절감량 1.8kWh

세탁기 평균 소비전력(506W) × 1회 이용시간(1h) × 월 사용횟수(12회) × 절감률(30%) = 1.8kWh/월

월 절감액 338.2원

전력소비량(1.8kWh) × 가정(주택)용 전력단가(187.9원/kWh) = 338.2원

13. 빨래 한꺼번에 모아 하기

월간 전기 절감량 2kWh

세탁기 평균 소비전력(506W) × 1회 이용시간(1h) × 월 사용절감(12회 → 8회)횟수(4회) = 2kWh/월

월 절감액 375.8원

전력소비량(2kWh) × 가정(주택)용 전력단가(187.9원/kWh) = 375.8원

14. 전력소비가 큰 다림질 한꺼번에 모아 하기

월간 전기 절감량 1kWh

다리미 소비전력(1.1kW) × 월 사용시간(4.6h) × 사용시간 1/5로 줄일 시 절감률(20%) = 1kWh/월

월 절감액 187.9원

전력소비량(1kWh) × 가정(주택)용 전력단가(187.9원/kWh) = 187.9원

15. 안 쓰는 전기제품 끄기

월간 전기 절감량 2.2kWh

컴퓨터 일체 소비전력(110W) × 점심 절전 시간(1h) × 월간 절전 일수(20일) = 2.2kWh/월

월 절감액 254.9원

전력소비량(2.2kWh) × 일반용 전력단가(115.9원/kWh) = 254.9원

16. 컴퓨터 및 모니터 절전 기능 활성화하기

월간 전기 절감량 1.44kWh

절전기능 절감 전력(9W) × 일 사용시간(8h) × 월간 사용일수(20일) = 1.44kWh/월

월 절감액 270.6원

전력소비량(1.44kWh) × 가정(주택)용 전력단가(187.9원/kWh) = 270.6원

17. 에너지절약을 위해서는 데스크탑보다 노트북 사용하기

월간 전기 절감량 8kWh

노트북과 데스크탑 소비전력 차이(50W) × 일일 사용시간(8h) × 월간 사용일수(20일) = 8kWh/월

월 절감액 927.2원

전력소비량(8kWh) × 일반용 전력단가(115.9원/kWh) = 927.2원

18. 여러 사무기기보다 복합기 사용하기

월간 전기 절감량 3.2kWh

전기제품당 평균 대기전력량(5W) × 제품 수(4개) × 일일 미사용 대기시간(8h) × 월 사용일수(20일) = 3.2kWh/월

월 절감액 370.9원

전력소비량(3.2kWh) × 일반용 전력단가(115.9원/kWh) = 370.9원

19. 3층 이하는 엘리베이터 대신 계단 이용하기

월간 전기 절감량 300kWh

승강기 월 소비전력량(1,500kWh) × 계단이용에 따른 절감률(0.2) = 300 kWh/월

월 절감액 34,770원

전력소비량(300kWh) × 일반용 전력단가(115.9원/kWh) = 34,770원

20. 엘리베이터 격층 운행하기

월간 전기 절감량 555kWh

월간 승강기 소비전력량(1,500kWh) × 절약 효과(4층 이상 20% + 격층 이용 17%) = 555kWh/월

월 절감액 64,324.5원

전력소비량(555kWh) × 일반용 전력단가(115.9원/kWh) = 64,324.5원

21. 조명등과 반사갓 닦아주기

월간 전기 절감량 2.6kWh

전등 수(5개) × 전등 소비전력(40W/개) × 일 사용시간(8h) × 월 사용일수(20일) × 조명등, 반사갓 청소에 따른 절감율(0.08) = 2.6kWh/월

월 절감액 488.5원

전력소비량(2.6kWh) × 가정(주택)용 전력단가(187.9원/kWh) = 488.5원

22. 고효율 반사갓 사용으로 눈부신 효과

월간 전기 절감량 6.2kWh

전등 세트(3SET) × 고효율 반사갓 이용시 절감 소비전력(13W/SET) × 일 사용시간(8h) × 월 사용일수(20일) = 6.2kWh/월

월 절감액 1,164.9원

전력소비량(6.2kWh) × 가정(주택)용 전력단가(187.9원/kWh) = 1,164.9원

23. 절약의 빛, LED 조명 이용하기

월간 전기 절감량 9kWh

백열등을 LED로 대체할 때 절감되는 전력(50W) × 일 사용시간(1h) ×가정당 평균 LED 개수(6개) × 30일 = 9kWh/월

월 절감액 1,691.1원

전력소비량(9kWh) × 가정(주택)용 전력단가(187.9원/kWh) = 1,691.1원

24. 다가올 때만 켜지는 자동센서 조명등 사용

월간 전기 절감량 480kWh

조명 소비전력량(20W) × 조명개수(50개) × 일일 소등시간(16h) × 한 달(30일) = 480kWh/월

월 절감액 55,632원

전력소비량(480kWh) × 일반용 전력단가(115.9원/kWh) = 55,632원

25. 고효율 콤팩트형 형광램프 사용

월간 전기 절감량 1,228.8kWh

FPL 32W 콤팩트형 형광램프 80평 기준 개수(640개) × 램프 한 개 사용시 절감되는 전력(8W) × 일 사용시간(8h) × 월 사용일수(30일) = 1,228.8kWh/월

월 절감액 230,819.5원

전력소비량(1,228.8kWh)×가정(주택)용 전력단가(187.9원/kWh)=230,819.5원

26. 조명 스위치는 공간별로 나눠 끄고 켜기

월간 전기 절감량 112kWh

264㎡(80평) 사무실 전등 수(70개) × 전등 소비전력(40W/개)×일 사용절감시간(2h)×월 사용일수(20일) = 112kWh/월

월 절감액 12,980.8원

전력소비량(112kWh) × 일반용 전력단가(115.9원/kWh) =12,980.8원

27. 전기 사용 모니터링으로 스마트한 에너지 절약하기

월간 전기 절감량 31.2kWh

도시 4인 가구 평균 월간 전기사용량(312kWh)×절감률(10%) = 31.2kWh/월

월 절감액 5,862.5원

전력소비량(31.2kWh)×가정(주택)용 전력단가(187.9원/kWh) = 5,862.5원

28. 가전제품 살 때 에너지효율 1등급과 대기전력 우수 제품 선택 사용

절감량 462kWh

264㎡(80평) × 사무실 면적당 월간 전력사용량(17.5kWh/㎡) × 1등급 및 대기전력 우수제품 사용 절감률(10%) = 462kWh/월

절감금액 53,545.8원

전력소비량(462kWh) × 일반용 전력단가(115.9원/kWh) = 53,545.8원

이상은 2010년 한국에너지공단에서 발간한 에너지절약 실천매뉴얼 중 일부 내용을 업데이트하고 재가공하여 편집한 것이다. 가정과 사무실에서의 에너지 절약방법을 알기 쉽게 전달키 위한 목적으로 소개한 것이며, 절감량과 절감액의 산출근거는 가정과 사무실 규모 및 여러 환경여건에 따라 다를 수 있으므로 여기에서는 편의상 대략적이고 평균적인 수치를 적용하였다.

환경을 지키는 작은 실천, 에코드라이브

지구온난화로 고통 받는 지구! 우리나라 온실가스 배출량의 약 20%는 수송(교통) 부분에 해당되고, 그중 도로교통이 95%를 차지하고 있다. 이에 '에코드라이브'의 중요성이 날로 커지고 있다. 에코드라이브는 에너지를 절약하는 운전 습관으로 '친환경 경제운전'이라고도 한다. 차량 성능 및 운전 습관 개선 등을 통해 연료 소비와 온실가스 배출 등을 감축한다.

그렇다면 에코드라이브 실천 요령에는 무엇이 있을까? 네이버 블로그 한국에너지공단에 소개된 것을 보면 다음과 같다.

- 적재물 다이어트 | 트렁크에 불필요한 짐을 빼면 연료 감축의 효과가 있다.
- 타이어 공기압 체크 | 타이어의 공기압이 부족하면 연료가 더 소모되므로 내 차의 공기압을 미리 알아두고 유지하는 것이 좋다. 특히 겨울철에는 더욱 철저한 검사가 필요하다.
- 에어컨 사용 자제 | 에어컨을 끄면 20%의 연료를 절약할 수 있다. 더운 여름철에는 우선 내부의 더운 공기를 빼내고 고단부터 작동한 후 저단으로 내리는 것이 좋다.

- 출발 전 예열하기 | 차 또한 달리기 전 워밍업 시간이 필요하다. 엔진 효율을 높이기 위해서는 여름철에는 1분, 겨울철에는 약 2분 정도 예열 후 출발하는 것이 좋다.
- 공회전은 최소한으로 | 1분 동안 공회전을 하면 10~20cc의 연료가 소비된다. 7초 이상 정차하는 경우 엔진을 꺼서 공회전을 최소화한다. 꼭 공회전해야 하는 상황이라면 변속기를 드라이브(D)가 아닌 중립(N)으로 두면 연료를 절감할 수 있다.
- 경제속도 준수 | 일반도로 60~80km/h, 고속도로 90~100km/h. 정해진 주행 속도를 지키면 최대 6%의 연료 소비를 줄일 수 있다. 또한 급출발, 급제동, 급가속 시 연료의 30%가 낭비되는데, 자동차 시동 5초 후 시속 20km에 맞추어 출발하고, 급가속·급감속하지 않고 일정한 속도로 주행하는 것이 좋다.
- 주유할 때도 절약 | 주유할 때는 시동을 끄고, 주유탱크를 가득 채우는 것보다 2/3 가량 주유하는 것이 좋다. 또한 습기가 많은 날에는 주유탱크 안에 습기가 응결해 물이 생길 수 있으니 주유하지 않는 것이 좋다.

이상 작은 실천으로 에너지를 절약하고 환경도 지킬 수 있는 '에코 드라이버'가 되어보는 건 어떨까요?

Eco
Driving
Goal in!
타이어
공기압 체크
출발 전
예열
공회전은
최소한
경제속도
준수

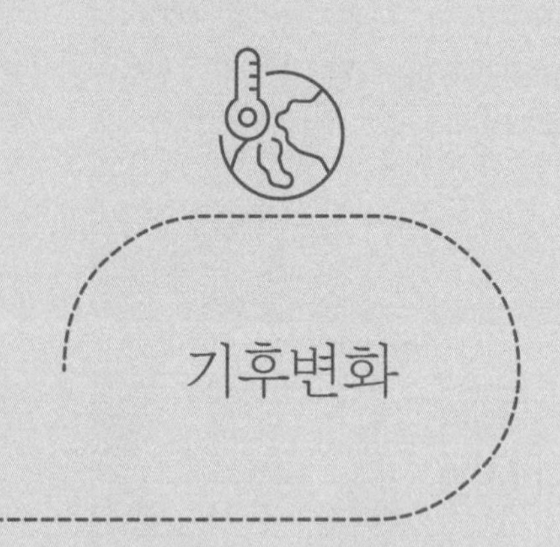

기후변화

지구온난화로 일부 해수면은 세계 평균보다 훨씬 빨리 높아지고 있다.
얼음이 녹아 굶어 죽는다는 북극곰 이야기가 남의 이야기가 아니다.
이제는 에너지의 효율적 사용과 절약·절제하는 생활 패턴에서 해결책을 찾아야 한다.

part 3

기후변화는 모두의 문제

에너지와 에너지 전환

에너지란 무엇인가? 에너지란 일(작업)을 할 수 있는 힘을 뜻한다. 그 어원은 그리스어인 '에르곤'에서 나온 말인데, '일을 하는 능력'이라고 정의된다.

사실 에너지는 인간이 일을 하기 시작한 때보다 훨씬 이전에 생성되었다. 지구나 태양계의 탄생 자체도 에너지에 의해 이루어진 결과라고 할 수 있다. 불의 발견, 증기기관의 발명 등 에너지의 이용은 인류문명을 빠른 시간 안에 비약적으로 발전시켰다. 그래서 근대 과학기술의 눈부신 발전은 '에너지 기술의 발전'이라 볼 수 있다.

에너지는 빛, 동력, 연료로서 인간에게 많은 일을 해 주었고 인류 문명의 발달을 뒷받침했다. 오늘날에는 전자·정보화 사회를 거치면서 자동차, 에어컨, 세탁기, 컴퓨터 등 가전제품과 인터넷,

인공위성 등으로 우리의 경제, 문화 활동을 보다 더 편리하게 해주고 있다. 이처럼 윤택한 생활과 눈부신 사회발전을 가능하게 해준 원동력이 바로 에너지다. 이 사실은 과거와 현재에도 그러했듯이 미래에도 역시 그러할 것이다. 특히 오늘날 제4차 산업혁명시대의 도래와 연계해서 더욱 엄청난 변화가 예상되고 있다.

원시시대에 살았던 사람들은 사냥으로 잡은 동물을 요리하고, 추울 때 따뜻하게 하며, 또 어두운 밤을 밝히고, 야생동물로부터 자신들을 보호하기 위해 불을 이용하기 시작했다. 그 후 농경과 목축이 생활화되면서 자기 자신의 힘 이외에도 소나 말과 같은 가축의 힘, 물이나 바람 등 자연에서 얻을 수 있는 에너지를 이용했다. 18세기에 이르러 석탄이 이용되면서 증기기관이 발명되고 제1차 산업혁명기를 맞이했다.

인류는 에너지의 혜택과 기계문명의 찬란한 빛을 받았다. 석탄에너지에 이어 석유와 천연가스 등의 이용으로 공업과 교통수단을 발전시켜 나갔다. 과학기술의 진보는 전기의 이용 범위를 넓혀나갔고, 마침내 원자력의 이용을 가능하게 했다. 그래서 오늘날 우리의 사회는 문명의 발달과 함께 더욱 풍요로워졌다. 앞으로도 평화스럽고 안정적인 사회를 유지, 발전시키기 위해서 에너지의 역할이 더욱 커졌다.

우리가 사용하는 에너지의 대부분은 석유, 석탄, 천연가스를 태워서 얻거나 원자력 발전소로부터 얻는다. 이 중 석유, 석탄, 천연가스는 수백만, 수억 년 전에 지구에서 살았던 식물이나 작은 바다생물의 화석(사체)으로부터 만들어졌기 때문에 화석연료라고도 부른다. 즉 화석연료는 수백만 년 전에 살던 생물들이 죽어서 땅 속에 묻힌 후 높은 압력과 열 및 지형적 특성 등의 영향을 받아 만들어진 것이다. 화석연료는 현재 전 세계의 인류가 소비하는 에너지의 약 80%에 해당된다. 우리가 필요한 만큼 무한정 공급받을 수 있는 것이 아니라 그 양이 한정되어 있다.

주요 화석연료에 대해 알아보자.

첫째, 석유. 석유는 세계적으로 가장 많이 사용되고 있는 화석연료이다. 석유는 석탄과는 달리 일부 지역에 편중되어 있다. 중동 지역과 러시아, 북미, 남미에 전체 부존양의 3분의 2 이상이 매장되어 있다.

특히 중동 지역은 석유를 보다 많이 확보하기 위한 세계 여러 국가 간 또는 지역 간 갈등과 이스라엘과 팔레스타인의 대립 등으로 정치 상황이 불안정하다. 따라서 중동의 석유자원에 우리나라가 의존할 경우 석유를 안정적으로 공급받기 힘들 수 있다. 또한 중동지역 국가들은 OPEC(Organization of the Petroleum

Exporting Countries)를 통해 석유생산량과 가격을 조정하고 있어 석유가 나지 않아 수입에만 의존하는 국가들은 늘 불안한 형편에 놓여 있다.

둘째, 석탄. 석탄은 전 세계 각 대륙에 고루 분포되어 있으며 매장량 또한 풍부하다. 국제에너지기구 IEA(International Energy Agency)가 실시한 가장 최근의 조사에 따르면 높은 비용을 부담하지 않고 캐낼 수 있는 석탄의 양은 약 1조 톤에 달한다. 만약 현재 인류가 석탄을 소비하는 양과 속도를 그대로 유지한다면 앞으로 약 200년 동안 사용할 수 있는 양이 매장되어 있는 셈이다. 석탄의 절반 정도는 유럽과 북미 등의 선진국에 매장되어 있고 나머지 절반은 개발도상국에 매장되어 있다. 특히 미국에 매장된 것이 약 4분의 1이다.

석탄의 질은 지역마다 많이 달라서 얼마나 많이 매장되어 있느냐의 문제보다는 얼마나 질이 좋은 석탄이 묻혀 있느냐의 문제가 더 중요하다. 우리나라는 강원도, 경상북도 등지의 여러 곳에 석탄(무연탄) 광산이 분포한다. 1980년 이후 경제 성장에 따른 고급 에너지의 이용 증가로 석탄 소비량이 감소되어 현재는 석탄 생산량이 많지 않다.

셋째, 천연가스. 천연가스도 석유와 마찬가지로 분포가 지역적으로 편중되어 있는데, 3분의 2 이상이 중동과 미국, 구소련 지역에 매장되어 있다.

그렇다면 앞으로 화석연료 사용 전망은 어떠한가? 화석연료 산업계에서는 앞으로 기술이 발전하면 지금까지 알려지지 않은 유전이나 가스정이 더 많이 발견될 수 있을 뿐만 아니라 현재 기술로는 채굴하기 힘든 지역에 묻힌 자원도 충분히 이용할 수 있다고 한다. 때문에 지금 알려진 것보다 화석연료를 더 오랫동안 쓸 수 있을 것이라고 주장한다. 셰일오일이나 셰일가스 등이 그 예다.

새로운 에너지원
셰일오일과 셰일가스

전통적 원유는 유기물을 포함한 퇴적암이 변해 지하의 입자가 큰 암석 등을 통과해 지표면 부근까지 이동한 원유다. 한곳에 모여 있기 때문에 수직시추를 통해 채굴한다.

반면, 셰일오일은 전통적인 원유와 달리 원유가 생성되는 근원암인 셰일층(유기물을 함유한 암석)에서 뽑아내는 원유를 말한다. 원유가 생성된 뒤 지표면 부근으로 이동하지 못하고 셰일층 안에 갇혀 있는 것이다. 이에 채굴을 위해서는 수직 및 수평시추, 수압파쇄 등 고도의 기술이 필요하고 이로 인해 생산단가가 전통적 원유보다 높다. 따라서 과거에는 이처럼 난해한 기술과 상용화 비용이 매우 비싼 셰일오일을 활용하지 못했다.

그러나 1990년대 이후 수압을 이용한 수평굴착 기술이 발달하면서 생산원가는 낮아지고 유가는 오르고 있어 새로운 에너지원으로 각광받게 되었다. 그러나 한편으로는 채취 시 발생하는 환경오염 문제에 대한 우려가 높아지고 있다.

한편 셰일가스란 탄화수소가 풍부한 셰일층(근원암)에서 개발, 생산하는 천연가스를 말한다. 전통적인 가스전과는 다른 암반층으로부터 채취하기 때문에 비전통 천연가스로 불린다. 난방·발전용으로 쓰이는 메탄 70~90%, 석유화학 원료인 에탄 5%, LPG 제조에 쓰이는 콘덴세이트 5~25%로 구성되어 있다. 유전이나 가스전에서 채굴하는 기존 가스와 화학적 성분이 동일해 난방용 연료나 석유화학 원료로 사용할 수 있다.

보통 천연가스는 셰일층에서 생성된 뒤 지표면으로 이동해 한 군데에 고여 있는 것이지만, 셰일가스는 가스가 투과하지 못하는 암석층에 막혀 이동하지 못한 채 셰일층에 갇혀 있는 가스다. 따라서 일반적 의미의 천연가스보다 훨씬 깊은 곳에 존재하고 있으며, 암석의 미세한 틈새에 넓게 퍼져 있는 것이 특징이다. 따라서 기존의 천연가스와 같은 수직시추는 불가능하지만 수평시추를 통해 채굴할 수 있다.

셰일가스는 미국, 중국, 중동, 러시아 등 세계 31개국에 약 187조 4,000억 ㎥가 매장되어 있는 것으로 추정되는데, 이는 전 세계가 향후 60년 동안 사용할 수 있는 양이다. 경제적, 기술적 제약으로 채취가 어려웠던 셰일가스는 2000년대 들어서면서 미국을 중심으로 물과 모래, 화학약품을 섞은 혼합액을 고압으로 분사하는 수압파쇄법과 수평정시추 등이 상용화되면서 새로운 에너지원으로 부상했다.

2010년 북미 지역의 셰일가스 생산량은 2000년에 비해 15.3배나 확대되었으며, 미국은 2009년 이후 러시아를 제치고 천연가스 1위 생산국에 등극했다. 그러나 셰일가스를 채취할 때 우라늄 등 화학물질이 지하수에 스며들 수 있고, 일반 천연가스보다 오염물질인 메탄이나 이산화탄소가 많이 발생해 지구온난화를 가속화할 수 있다는 지적도 제기되고 있다.

출처 : 《시사상식사전》(지식엔진연구소, 박문각)

화석연료는 매장량이 한정되어 있다는 특성 때문에 고갈을 지연시킬 수는 있어도 피해 갈 수는 없다. 화석연료의 대안으로 많은 사람이 원자력에 큰 기대를 걸고 있으며 이를 미래 에너지의 대안으로 제시한다. 그러나 원자력 발전의 위험성과 핵폐기물 문제를 고려하지 않는다 하더라도, 우라늄의 매장량도 한계가 있다. 현재 원자로에서의 우라늄 수요를 고려하면 앞으로 50~60년 정도 쓸 수 있는 양밖에 남아 있지 않다. 또한 앞으로 원자로 수를 늘린다면 우라늄 가채연수는 훨씬 줄어들 것이다.

대기 중에 있는 수증기나 이산화탄소, 메탄, 이산화질소 등은 태양으로부터 오는 복사에너지는 통과시키지만 지표로부터 방출되는 적외선은 흡수해 우주로 열이 발산되는 것을 방해하는 작용을 한다. 이 현상은 빛은 받아들이되 열은 내보내지 않는 온실과 비슷한 작용을 한다는 것에서 유래해 온실효과라 불리고, 온실효과를 일으키는 이산화탄소와 같은 기체들은 온실가스라고 불린다.

온실효과는 지구의 온도를 일정하게 유지시키는 데 매우 중요한 역할을 한다. 대기에 온실가스가 존재하지 않는 화성의 경우 낮에는 햇빛을 받아 수십 도 이상으로 올라가지만 태양빛을 받지 못하는 밤에는 모든 열이 방출되어 영하 100℃ 이하로 떨어지는 현상이 발생한다. 그러나 지구는 대기 중의 온실가스 덕분에 지표면에서 방출되는 열이 모두 우주로 방출되지 못해 태양빛을 받지 못하는 밤에도 온도가 심하게 떨어지지 않는다. 지표면을 평균 15℃ 정도의 온도로 유지할 수 있게 한다. 반대로 금성의 대기는 96%가 이산화탄소여서 태양빛을 내보내지 못한다. 심각한 온실효과로 인해 평균 표면 온도가 470℃에 이른다.

지구도 대기 중 온실가스가 증가할 경우 흡수되는 지구복사열의 양이 증가해 지구 표면 온도가 상승한다. 이러한 현상을 온실효과에 의한 지구온난화 현상이라고 부른다. 지구온난화의 직접적 원인은 화석연료의 사용이라고 할 수 있다. 화석연료는 연소될 때 온실가스를 배출한다. 20세기에 들어 자동차와 트럭, 비행기 등 온갖 탈것의 운행과 집이나 회사의 냉난방, 전기의 생산, 공장에서의 제품 생산 등 다양한 인간 활동 때문에 석유나 석탄 같은 화석연료의 사용량이 늘어났다. 이에 따라 대기 중 온실가스량도 급증했다.

이러한 온실가스의 증가로 지구온난화 현상이 점차 심각해지고 있다. 또한 삼림벌채 등으로 인해 지구온난화의 속도는 점점 빨라지고 있다. 지구온난화 현상은 동식물의 피해와 농작물의 수확 감소뿐만 아니라 전 지구적인 생태계와 이상기후 현상을 일으켜 인류 생존에 위협이 된다. 때문에 대부분의 국가들이 협약을 통해 온실가스의 발생을 감소시키기 위해 노력 중이다.

이와 같이 최근 지구촌 곳곳에서 기상이변이 일어나고 있다. 엄격히 말하면 기후가 변화하고 있다. 일반적으로 '평균 상태의 대기'로 정의되고 있는 기후(Climate)는 매일 변화하는 기상(Weather)의 종합적인 특징을 요약한 것이라 할 수 있다. 즉 기온, 강수량 등의 평균치, 연교차 등의 변화폭, 최고 및 최저 기온, 최대 강수량 등의 극값, 우기와 건기의 분포 등으로 표현된다. 따라서 기후변화는 기상의 장기적 변화를 의미한다.

전 세계적으로 보면 2016년이 관측 사상 지구가 가장 더웠던 해로 분석되었으며, 이어 2015년, 2017년, 2018년 순이다. 최근 4년 연속 최고기록을 경신했다. 그것도 전체, 육지, 바다 모두 기존 최고 온도 기록을 갈아치워 '3관왕'이 되었다.

이는 미국 국립해양대기청(NOAA : National Oceanic and Atmospheric Administration)과 국립항공우주국(NASA : National Aeronautics and Space Administration)이 2016년 지구 온도와 기후 조건 분석 결과를 밝힌 것이다. 두 기관은 서로 다른 방식과 기준으로 지구 표면 곳곳의 온도를 측정하고 분석했다. 2016년의 지구 표면 전체 연평균 온도는 NOAA 분석에 따르면 20세기(1901~2000년) 평균치보다 0.90℃ 이상 높았다. 그리고 1951~1980년 평균보다 0.87℃ 이상 높았다. 이는 근대적 관측 기록이 있는 1880년 이후 136년 중 가장 높다. 이처럼 지구온난화는 최근 들어 매우 빠른 속도로 일어나고 있으며, 특히 21세기 들어서는 극심해지고 있다.

미국 《뉴욕타임즈》는 "기상 관측 역사상 가장 더웠던 19개년 가운데 18개년이 지난 2001년 이후 발생했다"면서, "또 같은 기간 가장 더웠던 5개년도 최근 5년으로 기록되었다"고 전했다. 또 지난 20년간 온난화 현상이 이어졌으며 이는 인간의 활동에 따른 기후변화로 인한 것이라고 설명했다.

이러한 기후변화로 최근 30년 동안 우리나라의 30분의 1 정도나 되는 북극에 위치한 가장 큰 빙산이 사라졌다. 세계의 기후 및 환경 분야 과학자들로 구성된 IPCC(Intergovernmental Panel on Climate Change: 기후변동에 관한 정부간 패널)의 조사보고서에 따르면 북반구의 봄과 여름의 빙산이 1950년 이래로 약 10~15% 감소하고 있다. 극지방의 얼음 두께가 늦은 여름에서 이른 가을까지 최근 수십 년 동안 40% 정도 얇아지고 있다. 겨울의 얼음 두께도 상대적으로 서서히 얇아진다. 지난 100년 동안 지구 해수면의 높이는 10~25㎝ 정도 높아졌다. 특히 우려할 만한 일은 이산화탄소와 메탄 등 지구온난화를 일으키는 온실가스의 한반도 주변 농도가 지구 평균보다 높고 악화 속도도 훨씬 빠른 것으로 조사되고 있다는 점이다. 또 온난화로 해수면이 상승할 경우 금세기 말에 한반도가 서울 면적의 4배만큼 침수될 것이라는 관측이 나왔다.

이와 같이 현재 인류의 생존을 위협하는 지구온난화는 화석연료 사용이 크게 늘어났기 때문에 일어난다. 우리가 에너지를 화석연료에서만 얻으려면 에너지 자원 고갈과 지구온난화라는 두 가지 위기를 해결할 수 없고 만다. 결국은 에너지 부족과 기상이변으로 엄청난 피해와 혼란을 겪게 될 것이다.

이러한 혼란을 막기 위해서는 화석연료 사용을 줄이고 태양에너지, 풍력, 지열, 바이오매스 같은 재생에너지의 사용을 늘리는 수밖에 없다. 이와 같이 화석연료와 원자력으로부터 벗어나서 재생에너지의 이용으로 넘어가는 것을 '에너지 전환'이라고 한다.

에너지 전환의 궁극적인 목표는 우리가 사용하는 대부분의 에너지를 재생에너지로부터 얻고, 그럼으로써 앞으로 닥칠 에너지 부족 사태에 대비하고 지구온난화를 막자는 것이다. 에너지 전환을 위한 또 하나의 중요한 요소는 에너지의 효율적인 사용을 통해 전체 에너지 소비를 줄이는 것이다. 만일 에너지 소비가 계속해서 크게 증가하고, 재생에너지의 증가는 이에 미치지 못한다면 에너지 전환은 불가능하다. 그러므로 에너지의 효율적인 이용과 절약을 통해 전체 에너지 소비를 줄이고, 이와 동시에 재생에너지 사용을 늘려야 한다.

살려주세요! ㅠㅠ
북극곰의 눈물
지구온난화!
우리 모두가 풀어야 할 숙제입니다!

우리는 기후변화시대에 살고 있다

기후변화시대 세계는 지금

기후변화와 관련해 〈유엔미래보고서〉를 살펴보자. 유엔미래보고서는 밀레니엄 프로젝트 내의 전문가들이 각 분야별로 10년 후를 예측하고 분석한 보고서다. 이 보고서는 다양한 미래사회의 위기를 진단하고 지속 가능한 미래를 맞이하기 위해 정치·경제·산업·교육 등 각 분야가 어떻게 준비하고 대처하는지를 다루고 있다. 특히, 전 세계적으로 큰 문제가 되고 있는 이상기후 현상을 많이 다루어 왔다.

기후변화, 인구감소, 고령화 등으로 인해 변해가는 미래 도시의 모습에 대해서도 예측했다. 유엔미래보고서는 기후변화, 물부족, 인구와 자원, 빈부격차 등의 문제가 우리의 미래를 위협하고 있지만, 분명히 이것은 기회가 될 수 있다고 말하고 있다. 그러나 이를 기회로 받아들이는 사람은 많지 않아 보인다.

2012년 700여 명을 대상으로 기후변화센터에서 조사한 바에 따르면 약 10% 정도만 기회로 인식하고 있다고 한다. 이 자료는 다소 오래되었지만 그 트렌드는 큰 변함이 없다.

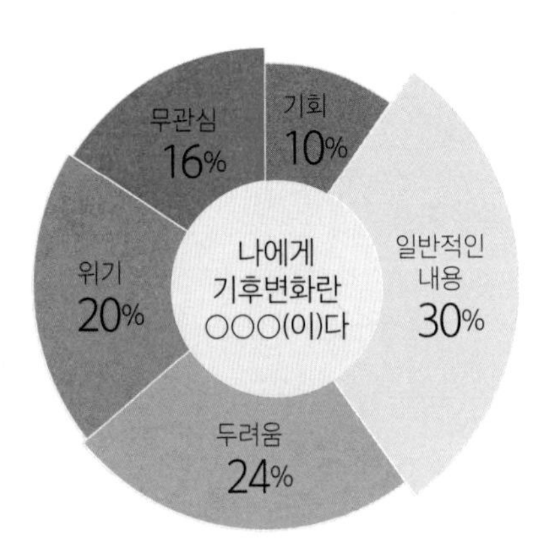

사실 기후변화는 많은 나라에서 심각한 위협으로 생각하고 있는 현실이다. 헤르만 셰어의 《에너지 주권》이라는 책에서 에너지와 관련된 7가지 위기를 언급하고 있다. 세계 기후의 위기, 자원고갈의 위기, 개발도상국 빈곤의 위기, 핵 위기, 수자원 위기, 농업의 위기, 건강의 위기다.

한편 지난 2009년 덴마크 코펜하겐 제15차 유엔기후변화협약 당사국총회(COP15)의 부대행사로 열린 '아시아 지역 기후변화 대응 네트워크 구축 세미나'에서는 최초로 기후위기시계를 발표한 바 있다. 전 세계 기후의 위기시간은 인류 멸망을 의미하는 12시에 근접한 10시 37분(2009년)에 이르렀다. 더구나 10년이 지난 지금 2020년, 이제는 정말 얼마 남지 않았다.

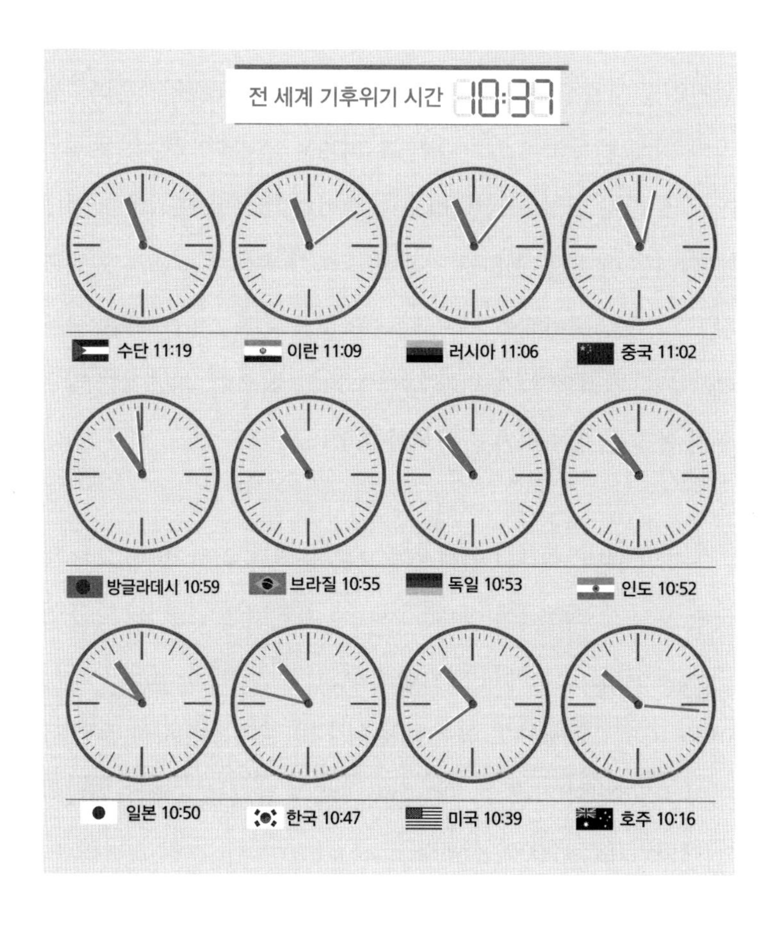

이산화탄소농도, 기온, 식량, 에너지, 정부의 위기관리 수준 등 6개 요소를 통합해 산출한 것이다. 과거에도 지구온난화는 있었지만 지금처럼 빠르게 진행되지는 않았다.

많은 나라들이 기후변화가 심각한 위기라고 생각하고 있지만, 행동으로 보여주는 나라는 많지 않다. 오히려 기후변화가 진짜 위기인지 모르고 정치적으로 이용하는 나라도 많다. 기후변화를 막기 위해 행동하지 않는다면 그 피해는 우리의 상상을 초월할 것이다. 다시 말해, 어렵더라도 기후변화 대응을 포기하면 절대 안 된다는 얘기다. 오히려 기후변화 위기 속에서 우리는 기회를 찾고 그것을 준비해야 한다. 다행히 많은 국가, 기구, 기업, 단체에서 기후변화를 막기 위한 노력을 하고 있으며, 최근에는 많은 돈이 몰리고, 일자리가 만들어지고 있다.

투자의 귀재, 투자의 영적 스승으로 불리는 워런 버핏. 그는 중국판 포브스 《후룬》이 발표한 자료에 따르면 2019년 1월 31일 기준 세계 부호 순위에서 아마존 CEO인 제프 베조스(1,470억 달러)와 마이크로소프트 공동창업주인 빌 게이츠(960억 달러)에 이어 3위(880억 달러)를 차지했다. 880억 달러는 한화로 환산하면 대략 100조 4,960억 원이다.

'이해하지 못하는 분야에는 투자하지 않는다'는 그의 투자 원칙도 유명하다. 실제 버핏은 자신이 잘 모르는 IT 종목에는 일절 손을 대지 않았다. 돌다리도 두드려보고 건너는 철두철미한 투자자다. '버핏과 함께하는 점심'이라는 이벤트는 20억 원이 넘는 참가비용을 내겠다는 사람이 나올 정도로 인기다. 버핏에게 한 수 배울 수 있다는 기대 때문이다.

그런 워런 버핏이 최근 태양광 발전을 중심으로 한 신재생에너지에 큰 관심을 보이고 있다고 한다. 그는 2017년 버크셔 해서웨이 주총에서 "태양광과 풍력에 대한 투자는 많으면 많을수록 좋다. 누군가 내일 태양광 프로젝트에 참여한다면 당장 30억 달러라도 투자할 준비가 되어 있다"고 말했다고 한다.

버핏은 버크셔 해서웨이의 자회사 미드아메리카를 통해 태양광산업에 수조 원을 쏟아 붓고 있다. '100% 신재생에너지 비전'을 슬로건으로 내건 미드아메리카는 2011년 2조 원을 캘리포니아 토파즈 태양광발전에 투자했다고 한다. 또한 2013년에는 캘리포니아 새너제이 지역에 건설 중이던 태양광발전 프로젝트를 2조 원 이상의 돈을 들여 인수했다. 2017년에는 태양광업체 OCI가 개발한 발전소를 약 5,000억 원에 사들였다고 한다. 이뿐 아니라 2018년에는 미국 네바다주의 1GW짜리 초대형 프로젝트를 계약했다고 한다.

이와 같이 버핏은 앞으로도 회사의 환경적 목표에 부합하는 매력적인 투자처에 대한 조사를 계속할 것이라고 밝혔다.

한편 전 세계적으로 기업의 자발적인 재생에너지 확산 움직임과 관련, 주목할 만한 것이 'RE100(Renewable Energy 100)' 캠페인이다. 기업이 사용에너지의 100%를 재생에너지로 충당하기로 약속한 후, 이를 이행하는 것이 캠페인의 골자다. 2014년 시작된 이 캠페인은 2019년 현재 약 130여 개 기업이 참여하고 있다.

참여기업들은 전 세계 곳곳에 보유하고 있는 기업시설의 전력을 재생에너지 전력으로 구매하거나 자체 생산하고 있다. 또 구매와 조달 전략을 수립해 실천하고 있다. 예를 들어본다면 여러분이 잘 아는 세계적인 컴퓨터 소프트웨어 회사 애플은 "우리는 기후 변화가 진짜 문제라고 믿는다." 며, 소매 매장, 사무실, 데이터센터 등 모든 회사 시설에서 쓰는 에너지를 태양광, 풍력, 소규모 수력, 지열 발전 등 100% 신재생에너지로 가동하고 있다.

한편, 지난 2014년부터는 태양광에너지 전문가를 영입해 데이터 센터를 운영 중이다. 또한 2015년에는 시선을 중국으로 돌려 중국 내 탄소 배출을 현저히 감소시키기 위해 신재생에너지 프로젝트 2가지를 착수하였다.

첫 번째 프로젝트는 태양광 발전소. 이미 애플은 중국 사천성 지역에 40MW 규모의 태양광 시설을 건설하는 프로젝트를 모두 완료한 바 있다. 그런데 여기서 한발 더 나아가 중국의 북쪽, 동쪽, 남쪽 지역 등에 200MW 이상 규모의 태양광 시설을 건설한다. 이곳에서 생산되는 전력량은 중국 내 26만 5,000개 이상의 가정에서 1년 동안 소비하는 전력량과 맞먹는다.

두 번째 프로젝트는 중국 내 애플 협력사들까지 에너지 효율을 높이고 제조 과정에 청정에너지로 공장을 운영할 수 있도록 2GW급 발전소를 건설한다. 또한 애플에너지라는 자회사를 설립하고 미국 캘리포니아주와 네바다주 태양광발전소의 잉여 전력을 판매한다.

애플이 이렇듯 신재생에너지 사업을 대대적으로 추진하는 이유는 전 세계적으로 기후온난화의 심각성이 하루가 다르게 대두되고 있는 상황에서 구글, 페이스북 등 세계적인 IT기업들도 신재생에너지 분야에 눈독을 들이고 있기 때문이다.

구글은 지도 데이터를 분석해 사용자 주택에 알맞은 태양광을 분석해주고 추천, 보급하는 선루프 프로젝트를 샌프란시스코 등에서 운영하고 있고, 페이스북도 미국 아이오와주에 풍력발전에너지 데이터센터를 세워 운영하고 있다.

한편 스타벅스는 지난해 47MW 규모의 태양광 발전소 건설에 투자했고, 미국 내 700여 개 매장에 풍력발전을 통해 전력을 공급하고 있다. 스웨덴의 가구회사 이케아 또한 자사가 보유한 전 세계 매장의 소비에너지를 재생에너지로 생산할 것을 선언했다. 특히 재생에너지 제품 판매를 통한 소비자의 접근성 향상을 위해 노력하고 있다. BMW그룹 역시 전력의 100%를 재생에너지로 조달하기 위한 단계적인 목표를 설정, 2020년까지 60% 이상의 전력을 재생에너지로 충당할 계획이다.

현재 우리나라 기업의 자발적 참여는 미미한 수준이나, 국·내외로부터 재생에너지 확대 노력에 동참할 것을 요청받고 있다. 이에 우리 정부와 기업도 조속히 대응할 기반을 마련, 적극 추진해 나갈 계획이다. RE100이 본격 추진될 경우 재생에너지 전력 수요가 증가하고 이에 대응해 재생에너지 투자가 확대되는 등 에너지 전환을 위한 선순환 체계가 확립될 것으로 전망된다.

온실가스와 지구온난화 그리고 기후변화 대응 경과는?

지구온난화는 온실가스와 수증기 등이 대기에 잔류해 우주로의 열방출을 감소시키는 온실효과에 의해 지구 평균 기온이 상승하는 현상을 말한다. 온실가스는 태양열을 모두 반사하지 않고 대기 중에 남아 지구 온도를 일정하게 유지하는 기능을 한다. 그런데 만약 온실가스가 없다면 지구는?

태양 쪽은 100℃! 그 반대쪽은 -200℃! 이같이 어느 정도의 온실가스는 우리가 지구에서 생존할 수 있도록 도와주는 고마운 존재다. 그러나 인간 활동에 의한 급격한 온실가스의 증가는 현재의 기후변화 문제를 초래하게 했다.

화석연료 사용, 가축 사육, 쓰레기 매립, 에어로졸 발생, 토지의 과잉 이용과 산림훼손 등 기후변화의 90% 이상이 인간의 활동에 기인한 것으로 보고되고 있다. 온실가스는 지구의 온실효과를 유발하는 대기 중 가스 상태의 물질로, 이산화탄소, 메탄, 아산화질소, 과불화탄소, 수불화탄소, 육불화황, 삼불화질소 등 7개 기체를 말한다. 배출량 비중은 이산화탄소가 77%, 메탄 14%, 이산화질소 8%, 이어 과불화탄소, 수불화탄소, 육불화황, 삼불화질소 1% 순이다. 연간 약 310억 톤의 이산화탄소가 대기 중에 방출되며, 이 중 약 45%가 대기 중에 잔류한다. 나머지는 해양, 토양, 식물 등에 흡수된다. 이산화탄소에 의한 지구온난화 영향은 55%에 달해 지구온난화의 주범이라 할 수 있다.

전 세계적으로 온실가스는 1970년대에는 277억 톤 수준이었으나 2012년에는 535억 톤으로 약 40년 사이에 2배나 증가했다. 특히 G-20 국가 중 중국, 인도, 브라질 등의 배출량이 급증했다. 우리나라는 1990년도에는 2.9억 톤이었으나 2014년 기준 6.9억 톤으로 약 25년 사이에 2배 이상이나 증가했다.

국제사회는 전 지구적 지구온난화와 기후 변화 위협 대응을 위한 공감대를 형성하고 이에 대한 대책을 수립, 추진하기 위해 IPCC(기후변화에 관한 정부간 협의체(Intergovernmental Panel on Climate Change)를 중심으로 본격적인 협의에 나섰다.

IPCC는 기후 변화 관련 세계기상기구(WMO)와 유엔환경계획(UNEP)이 공동으로 설립한 유엔 산하 국제 협의체로, 기후변화 문제 해결을 위한 노력이 인정되어 미국 전 부통령 앨 고어와 함께 2007년 노벨 평화상을 수상한 바 있다. 이 협의체는 1988년 제네바에서 설립되었다.

IPCC는 기후변화의 과학적 근거, 영향 및 적응, 취약성, 완화 연구 등 기후변화의 원인과 영향을 평가하고, 국제적 대응책을 마련하는 일을 한다. 그리고 기후변화 관련 평가보고서를 5~7년 주기로 발간한다. 이 보고서 작성에는 195개 회원국 기상학자, 해양학자, 빙하학자, 경제학자 등 약 3,000여 명의 전문가들이 참여한다. 별도의 연구나 관측은 하지 않으나 기존에 발간된 문헌 조사를 통해 분석을 시도하는데, 기후변화 협상의 속도와 강도에 결정적인 영향을 미치는 조직이다. 그간 IPCC를 중심으로 발간한 보고서와 진행되어 온 주요 기후변화 협상은 다음과 같다.

- 제1차 보고서(1990년) → 기후변화협약 채택(1992년)
- 제2차 보고서(1995년) → 교토의정서 채택(1997년)
- 제3차 보고서(2001년) → 교토의정서 이행을 위한 마라케쉬합의문 채택(2001년)
- 제4차 보고서(2007년) → Post-2012 체제 협상을 위해 발리로드맵 채택(2007년)
- 제5차 보고서(2015년) → Post-2020 신기후변화체제 출범 (파리협정 체결)

기후변화 협약 진행 경과

1824 최초로 온실효과 논의

1988 IPCC 설립(기후변화 정부간 협의체)

1990 UNFCCC 협상 개시

1992 UNFCCC 협약 채택

1994 UNFCCC 협약 발효

1995 COP 1차(단사국 총회, 독일 베를린)

1997 교토 의정서 채택

2001 마라케쉬합의문 채택

2005 교토 의정서 발효

2007 COP 13차(인도네시아 발리) 발리로드맵 채택

2009 COP 15차(덴마크 코펜하겐)

2010 COP 16차(멕시코 칸쿤)

2011 COP 17차(남아공 더반)

2012 COP 18차(카타르 도하)

2013 COP 19차(폴란드 바르샤바)

2014 COP 20차(페루 리마)

2015 COP 21차(프랑스 파리) 파리협정 채택

2016 파리협정 발효 COP 22차(모로코 마라케쉬)

먼저 1992년 유엔환경개발회의(브라질 리우)에서 유엔기후변화협약(United Nations Framework Convention on Climate Change)이 채택되었고 1994년 발효되었다. 196개(195개 국가 및 1개 지역경제통합기구: EU) 협약당사국이 참여했다.

주요 내용은 공동의 차별화된 책임과 부담의 기본원칙 아래 선진국은 2000년까지 1990년 수준으로 온실가스를 감축하고 개발도상국에 재정 및 기술을 지원하는 의무사항 등이었다.

그런데 여기에서 특히 주목해야 할 내용은 기후변화 해결을 위한 한 걸음으로 중요한 의미가 있는 교토의정서다. 교토의정서는 유엔기후변화협약(UNFCCC)을 이행하기 위해 1997년 만들어진 국가 간 이행협약이다. 정식 명칭은 Kyoto Protocol to the United Nations Framework Convention on Climate Change이다.

핵심 내용은 선진국으로 하여금 이산화탄소 배출량을 1990년 기준으로 5.2% 줄이기다. 이산화탄소 최대 배출국인 미국이 자국 산업 보호를 위해 반대하다 2001년 탈퇴를 선언, 이후 러시아가 2004년 11월 교토의정서를 비준함으로써 55개국 이상 서명해야 한다는 발효 요건이 충족되어 2005년 2월 16일부터 발효되었다. 교토의정서는 감축목표의 효율적 이행을 위해 감축 의무가 있는 선진국들이 서로의 배출량을 사고팔 수 있도록 하거나(배출권거래제), 다른 나라에서 달성한 온실가스 감축실적도 해당국 실적으로 인정해주는(청정개발체제, 공동이행제도) 등 다양한 방법을 인정하고 있다.

그러나 개발도상국이 감축의무에서 빠지자, 세계 온실가스 배출 1위, 3위인 중국과 인도가 빠지면서 협약의 실효성에 의문이 제기되었고 이에 불만을 품은 온실가스 배출국 2위, 미국을 포함해 일본, 러시아 등의 국가들이 협정에서 탈퇴했다. 캐나다도 2012년 6% 감축 의무를 지키지 못해 140억 달러의 벌금을 내야 하는 처지에 놓이자 탈퇴했다.

이처럼 여러 국가들이 협정을 탈퇴하면서 온실가스 배출의 15%만 차지하는 국가들만 남았다. 이후 2012년 카타르 도하에서 열린 총회에서 유럽연합을 중심으로 2013~2030년 2차 감축 기간 중 1990년 대비 25~40%를 줄이자는 목표가 수립되었다. 이때도 미국, 러시아, 일본 등 주요국은 불참했다. 이 협약은 전과 달리 법적 구속력이 없는 것으로 실효성이 현저히 낮아졌다.

그 후 2015년 최근 기후변화 총회 중 가장 많은 관심이 몰렸던 유엔기후변화협약 총회가 프랑스 파리에서 열렸다. 무려 195개의 참가국 장관들이 2020년 만료 예정인 교토의정서 이후의 새 기후변화체제 수립을 위한 최종합의문을 채택했다. 1997년 교토의정서에서 합의된 협약에서는 선진국만이 온실가스 감축 의무를 갖는 것이 주된 내용이었으나 파리기후변화협약에서는 참가한 195개 당사국 모두가 온실가스 감축 의무를 갖도록 했다.

협상 과정에서 새 기후변화 체제의 장기목표인 온도 상승폭 제한이 협상 막판 쟁점으로 떠올랐다. 몰디브와 같은 섬나라들은 기온이 2℃만 올라도 해수면이 1m 이상 상승해 생존에 위협을 받을 수 있다고 주장했다. 그래서 '특히 1.5℃ 이하로 제한하도록 노력을 기울여야 한다'는 표현이 사용된 것으로 보인다.

교토의정서 VS 파리협정 비교

구분	교토의정서	파리협정
대상국가	주요 선진국 38개국	모든 당사국
적용시기	(1차) 2008~2012년 (2차) 2013~2020년	2020년~
범위	'감축'에 초점	감축, 적응, 재원, 기술이전, 역량배양, 투명성
감축목표 설정방식	하향식	상향식
감축의무 여부	의무적 감축	자발적 감축

그렇다면 국내에는 어떤 영향을 미칠 수 있을까? 온실가스 감축 유형은 선진국들은 그대로 절대량 방식을 유지하지만, 개발

도상국들은 나라별 여건에 맞게 감축 유형을 유연하게 결정하도록 했다. 우리나라는 2030년까지 온실가스 배출전망치(BAU) 대비 37%를 줄이겠다는 방안을 제출했다. 온실가스 배출량 7위 국가인 우리나라 내에서도 온실가스 배출의 대부분을 차지하고 있는 에너지산업 분야의 온실가스 배출량을 줄이기 위한 정책적 압박이 있을 것이다.

앞으로는 태양광, 풍력 등 신재생에너지를 비롯해 탄소 배출의 우려가 없는 전기자동차 분야 등이 산업에서 차지하는 비율이 증가할 것으로 보인다. 하지만 타 산업계의 악재도 존재한다. 높은 탄소배출량을 차지하는 철강업계와 석유화학업계 등 제조업계에서는 당장 탄소 배출을 줄인다면 그만큼 제품 생산량이 줄어들기 때문에 경제적으로 위기에 처할 가능성도 있다.

그러나 대의적으로 보았을 때 이러한 협약은 피할 수 없는 움직임이다. 지구 평균 기온이 2℃ 가량 상승하면 20억 명이 물 부족에 시달리고 30%의 생물종이 멸종한다는 통계가 있다. 듣기만 해도 재앙이 아닌가.

석유와 석탄에 지나치게 의존하고 있는 기존 에너지산업 구조가 저탄소 방향으로 흘러가는 것은 이제 전 세계적으로 자연스러운 현상인 것 같다. 이는 2020년 이후의 새로운 기후변화체제의 출범을 뜻한다.

그리고 2017년 7월, 독일 함부르크에서 열린 G20 정상회의에서 파리기후변화협약을 강조하는 공동성명을 발표했다. G20은 세계 경제를 이끄는 주요 7개국 G7(독일·미국·영국·이탈리아·일본·캐나다·프랑스)과 유럽연합(EU) 의장국 그리고 한국·멕시코·인도 등 신흥국가 12개국을 합한 20개 나라다.

공동성명에서 정상들은 파리기후변화협약을 이행하기 위해 노력할 것을 강조했다. 그러나 미국 트럼프 대통령은 미국 경제의 성장을 막는다는 이유로 파리기후변화협약 탈퇴를 선언했고, 공동성명의 이 부분에 대해서도 끝까지 동의하지 않았다. 이에 나머지 19개국 정상들은 미국의 트럼프 대통령에 맞서 협약 준수를 다짐하고, 공동성명을 통해 "미국을 제외한 20개국 정상들은 파리협약을 되돌릴 수 없다는 점을 선언한다"고 명시하며 미국을 압박하고 있는 상황이다.

배출권 거래제란 무엇인가?

탄소 배출권 거래제(Emission Trading System : ETS)는 국가가 기업별로 탄소 배출량을 미리 나눠준 뒤 할당량에 따라 탄소 배출권 거래소에서 배출권을 사고팔 수 있도록 한 제도다.

정부가 배출권 거래제 대상 주체들에게 배출허용 총량을 설정하면 대상 기업체는 정해진 배출 허용 범위 내에서만 배출을 할 수 있는 권리를 부여받게 된다. 배출권은 정부로부터 할당받거나 구매할 수 있으며, 대상 기업체들 간에 거래할 수도 있다. 배출권 거래제는 정부가 배출 상한선을 설정한다는 점에서는 직접규제와 비슷하나, 규제 대상기업에 배출권의 판매와 구입을 스스로 결정하게 한다는 점에서 시장 지향적 제도이다. 할당대상 업체별로 배출권을 할당하고 그 범위 내에서 온실가스를 배출하도록 하되, 잉여분 및 부족분에 대해 타 업체와의 거래를 허용한다.

예를 들어 기업별로 온실가스 할당량(CAP)을 설정하고 초과 감축량(잉여)이 발생한 기업 A는 이를 시장에 판매하고 초과배출량(부족)이 발생한 기업 B는 시장에서 구매하는 시스템이다.

이러한 배출권 거래제를 통해 비용효과적인 온실가스 감축 추진이 가능하다. 국가적으로 할당 대상업체별 감축비용에 기초해 직접감축 대비 비용 절감 효과를 가질 수 있으며, 기업의 감축 기술 개발 투자 유인을 극대화할 수 있다.

잉여배출량에 대한 자산으로서의 가치가 확산되어 실제 온실가스 감축을 위한 기술 개발 도입을 유도하며, 감축활동에 적극적으로 참여하는 효과도 발생할 수 있다. 또한 업체 현황에 따라 배출권 거래제를 통해 온실가스 감축량을 구입 또는 판매해 감축 비용을 절감할 수 있다.

우리나라는 2015년도부터 배출권 거래제를 시행하고 있다. 하지만 현재 우리나라의 탄소 배출권 거래제는 어려움을 겪고 있다. 그중 가장 큰 문제점은 우리나라 탄소 배출권 거래제는 아직 도입 초기의 단계로, 시장이 안정화되지 못한 만큼 배출권 물량이 많지 않아 거래건수와 양도 그만큼 활발하지 않은 편이라는 것이다. 향후 제도적 개선을 통해 보완될 것으로 보인다.

한편 정부는 2019년 온실가스 배출량이 5억 8,941만 톤으로 1년

전보다 1,209만 톤(2%) 감소했다고 밝혔다. 배출권 거래제 시행 후 처음으로 온실가스 배출량이 줄어든 것이다. 미세먼지 저감 대책으로 발전소 가동률이 하락하고, 유연탄을 액화천연가스로 전환한 것이 온실가스 배출량 감소 원인으로 분석하고 있다. 한편 코로나19의 확산으로 산업활동이 위축되며 온실가스 배출권 가격이 하락할 가능성이 있다고 보고, 이에 대한 대응책을 강구하고 있다.

지구온난화 나비효과를
막아라!
SOx
CO2
NOx

바이러스 그리고 기후 위기

혹시 기억하시는지? 지난 2009년 초 상영된 국내 영화 한 편. 초록 논에 물이 돌 듯 온기를 전하는 이야기. 영화 〈워낭소리〉. 경제가 어려워질수록 날로 각박해지는 우리들의 마음속에 따뜻함과 배려를 확인시켜준 작품이다.

영화는 어느 시골 노인과 그의 베스트 파트너인 늙은 소와의 눈물 나도록 끈끈한 우정이 정겨운 농촌을 배경으로 스크린에 서정적으로 전개된다. 노인에 있어서 '소'라는 존재는 고단한 인생을 함께하는 환상의 콤비이자 반려자와도 같은 존재다. 또한 농촌에서는 최고의 농기구이자 유일한 자가용이기도 하다. 소는 그야말로 농촌에서 무한(?)의 동력을 제공하면서도 온실가스를 배출하지 않는 친환경적 청정에너지원으로 일면 보인다.

그러나 냉정하게도 실제 전문가들의 견해는 사뭇 다르다. 유엔식량기구(FAO)에서 발표한 〈축산업의 긴 그림자〉라는 보고서에 따르면 우리가 기르는 소, 양 등 가축들이 되새김질하면서 배출하는 가스가 전 세계 온실가스 총량의 18%나 차지한다. 자동차, 비행기 등 전 세계 모든 교통수단이 배출하는 13.5%보다 훨씬 많은 양이다. 재미있고도 충격적인 지적이다.

헛배 부른 소 등 가축의 입에서 나오는 메탄가스가 지구온난화에 미치는 영향이 이산화탄소보다 무려 21배(Global Warming Potential : 지구온난화지수)나 되기 때문이라고 한다. 그래서 영국 웨일즈 바이오텍 회사 무트랄은 지구온난화의 주요 원인으로 지목되고 있는 소의 메탄가스 배출량을 줄이는 데 마늘이 특효약이라는 주장을 제기했다고 한다. 마늘은 소의 장에서 메탄가스를 유발하는 미생물을 직접 공격하는데, 마늘이 섞인 사료를 먹일 경우 소가 방출하는 온실가스가 50%까지 줄어든다고 하니…….

아무튼 지구온난화를 억제시키기 위한 방법도 가지가지다.

'소' 이야기를 하다 보니 2008년 4월 무렵부터 시작되어 최근까지도 논쟁이 끊이지 않았던 광우병 사태가 생각난다. 논쟁의 정치적 의미는 차치하고, 광우병의 발병 원인은 초식동물인 소에게 성장을 촉진시키기 위해 동물성 사료를 먹임으로써 발생했다는 게 일반적인 견해다. 물질적, 경제적 이득을 위해서라면 물불가리지 않는 '인간의 추악한 탐욕'에 의해 생긴 재앙이다. 결국 광우병은 신자유주의 교리에 따라 끝없이 돈을 쫓고 자연의 조화를 거스른 결과였다.

또한 당시(2009년) 신종플루 공포가 전 세계를 뒤덮었다. 전 세계적으로 약 163만 명 이상이 감염되었고 2만 명이 사망했다. 국내에서도 최종 감염자 수가 약 74만 명이었고 사망자도 263명 발생했다고 한다.

그렇다면 10여 년이 지난 현재의 상황은 어떨까? 신종플루 치료제로 알려진 타미플루에 대한 약제 내성문제는 아직 남아 있는 상황이다.

제러드 다이아몬드의 《총, 균, 쇠》, 윌리엄 맥닐의 《전염병의 세계사》에서도 볼 수 있듯이 바이러스나 각종 세균으로 인한 감염병은 오랫동안 인류의 생존을 위협해왔다. 역사에 처음 기록된 팬데믹(Pandemic), 즉 전염병 대유행은 동로마제국 최고 전성기로 평가되는 유스티니아누스 1세 재위 시절인 541년부터 565년까지 20여 년간 이어진 '유스티니아누스 역병'이다. 고고학자들 분석에 따르면 하루에 5천 명에서 1만 명이 사망해 541~543

년에 제국 전체적으로 2500만 명의 사망자가 발생했고, 역병이 완전히 끝날 때까지 약 1억 명이 죽었다.

이후 가장 유명한 감염병은 14세기 유럽과 아시아 대륙에서 약 2억 명의 사망자를 발생시킨 그 유명한 페스트. 일명 흑사병으로 알려졌다. 이 병으로 인해 당시의 유럽 인구가 5분의 1로 줄어들었으며, 백년전쟁이 중단되기도 했다.

그리고 1918~1919년, 전 세계적으로 유행한 스페인독감. 최대 5,000만 명이 희생된 것으로 추정되며 제1차 세계대전으로 인한 사망자 수보다 많다고 한다.

20세기 들어서 위생과 영양상태가 개선되고 과학과 의학이 발달하면서 감염병은 1960년대를 기점으로 지속적으로 줄어들고 있다. 20세기 말이 되면 인류가 감염병을 완전히 정복할 것이라는 희망이 나오기도 했다. 그러나 1990년대 말부터 감염병이 다시 증가해 현재는 1960년대 수준으로 되돌아갔다.

앞서 언급한 2009년 신종플루(H1N1)를 비롯해, 2000년대 들어서 2002년 사스(중증호흡기증후군), 2013년 살인진드기, 2014년 서아프리카 에볼라바이러스, 2015년 메르스(중동호흡기증후군), 웨스트나일바이러스, 지카바이러스, 가장 최근의 코로나19에 이르기까지 21세기는 '신·변종 감염병의 시대'가 되었다.

이들의 발생 원인은 인구 폭증, 탐욕적 육식, 항생제 남발 등 여러 가지가 거론되고 있으나, 무엇보다도 가장 강력한 원인은 무분별한 생태계 파괴와 함께 기후변화 문제라는 것이 많은 전문가들의 의견이다. 덧붙여 날로 오염되어가고 있는 지구 환경 속에서 생활하고 있는 우리 신체의 면역력이 떨어지고 있는 것도 한 원인이다. 이 또한 한마디로 인류가 자초한 병이다.

최근 10여 년 사이 이러한 재앙들이 부쩍 확산되고 있는 가운데 우리의 목을 점점 조여 오는 지구 기후위기 문제도 같은 맥락에서 이해할 수 있다.

인류는 산업혁명 이후 그 어느 때보다 찬란한 물질문명을 이루어냈다. 그러나 이면으로 인간의 물질에 대한 탐욕은 화석연료를 무분별하게 파헤쳐내며 엄청난 에너지를 사용했다. 그 결과 기후위기라는 재앙이 부메랑으로 우리에게 돌아오고 있다.

지구 기후위기는 과거 〈투모로우〉(2004년), 〈불편한 진실〉(2006년), 〈홈〉(2009년), 〈비포 더 플러드〉(2016년)와 같은 재난 영화에서 묘사되듯이 우리의 생각보다도 더 가까이 다가오고 있다. 세계 각지에서 홍수와 가뭄 그리고 사람을 집어삼키는 어마어마한 태풍, 찌는 듯한 더위와 해수면 상승으로 인한 침수, 이로 인해 생기는 식량문제, 기근, 전염병 등 온 세계가 몸살을 앓고 있다. 우리나라도 예외는 아니다. 아니 훨씬 더 심각하다. IPCC 〈제5차 평가종합보고서〉의 한반도 이상 기후보고서에 따르면 지구의 온도가 1880년부터 2012년까지 130여 년 동안 평균 섭씨 0.85℃ 올랐는데, 한반도는 1912년부터 2017년까지 지난 106년간 섭씨 1.8℃나 상승했다.

지구온난화로 인해 동해에는 이미 명태가 사라지고 남부 지역에서는 소나무가 위협받고 있다. 일부 해수면은 세계 평균보다 훨씬 빨리 높아지고 있다. 얼음이 녹아 굶어 죽는다는 북극곰 이야기가 남의 이야기가 아니다. 어떤 식으로 우리에게 무시무시한 재앙이 다가올지 알 수 없다.

따라서 이제는 우리가 물질문명이 가져다 준 '달콤한 탐욕'을 버려야 한다. 에너지를 효율적으로 사용하고, 재생에너지를 적극 보급하며, 에너지를 절약·절제하는 생활 패턴에서 해결책을 찾아야 한다. 또한 이를 국가정책으로 연결해야 할 것이다.

이에 우리나라 정부는 2017년 12월 '재생에너지 3020이행계획'을 발표한 바 있다. 문재인정부의 에너지 정책 화두는 '전환'이라

할 수 있다.

원자력과 화석연료에 의존해 온 에너지원을 안전하고 깨끗한 재생에너지로 전환해나간다는 것이다. 그리고 에너지 공급의 양적 확대에 초점을 맞춰 온 에너지 수급계획을 효율적 수요 관리와 함께 병행해가는 것이 골자다.

무엇보다 중요한 전환의 방향은 재생에너지의 비중 확대다. 2017년 기준 7.6%에 불과한 재생에너지 발전 비중을 2030년까지 20%로 끌어올린다. 원자력과 석탄화력 발전 비중은 그만큼 상대적, 단계적으로 축소된다. 재생에너지 가운데서도 특히 풍력과 태양광 분야에 집중하고 있다.

이 같은 에너지 정책 전환은 생명과 안전, 깨끗한 환경을 중시하는 국민의 목소리에 따른 것이다. 동시에 국제적 의무이기도 하다. 2015년 12월 유엔기후변화협약(UNFCCC) 당사국 총회에서 채택된 파리협정에 따라 2020년부터는 온실가스 감축 목표와 이행 기준 등이 더욱 강화된다. 재생에너지로의 전환은 이래저래 선택 사항이 아니라 필수 과제다.

그리고 우리 정부는 에너지 수요관리와 효율 향상 정책을 강화하는 방향으로 드라이브를 걸고 있다. 이는 경제성장과 소득수준 향상 등에 따라 증가하는 에너지 수요를 억제해 대규모 발전소 건설 회피 등 추가적인 사회적 비용을 최소화할 수 있는 중요한 정책 옵션이다.

수요관리는 공급설비의 안정적 운영과 추가 설비투자 회피를 위해 특정 시간에 집중된 에너지 사용을 분산시키는 '부하관리', 그리고 동일 에너지소비로 제품의 성능을 향상시키거나 동일 성능으로 에너지 소비를 줄이는 '효율향상'으로 구분할 수 있다. 특히 효율향상은 에너지 수요를 근원적으로 감소시켜 원전과 석탄발전 등 기저발전 확충 부담 완화와 환경성을 제고할 수 있는 새로운 에너지 공급원으로서의 의미를 지닌다. 국제적으로도 에너지 소비를 획기적으로 줄일 수 있는 에너지 효율향상을 제5의 에너지라고 부르며, 그 효율향상의 중요성을 강조했다.

특히, 에너지이용 효율향상은 현재 원전과 석탄발전이 담당하고 있는 기저 에너지 공급원의 확충 부담과 미세먼지 등 최근의 환경문제까지 신속하게 완화하는 데 기여할 수 있을 것으로 기대된다.

한편, 우리 일반 국민들이 참여할 수 있는 방법은 생각보다 가까운 곳에 있다고 생각된다. 우리 생활 속 에너지 절약을 통해 이산화탄소 등 온실가스를 줄이는 일이다.

지금 서서히 우리에게 다가오고 있는 기후위기의 재앙적 위력은 신종플루, 코로나 바이러스 등과는 비교할 수 없을 정도로 두려울 것이다. 지구 기후위기라는 재앙을 막기 위해 우리가 살아가는 이 지구환경과 조화를 이루며 살아가야 한다. 지금이라도 에너지 환경 위기를 극복하기 위해 작은 일에서부터 에너지 절약을 실천하고 행동한다면 우리의 미래는 달라질 것이다. '에너지 절약이 곧 자원개발'이라는 말처럼 개인뿐만이 아니라 국가 차원에서도 에너지 절약은 매우 중요한 일이다. 지금부터 진짜 에너지전쟁이 시작되었다는 것을 온 국민이 현실로 인식하고 철저히 대비해야 할 때다.

급변하는 에너지환경에서의 워(War)낭소리가 거세다. 에너지를 효율적으로 사용하고, 재생에너지를 적극 보급하며, 에너지를 절약·절제하는 생활 패턴의 전환을 통해 우리는 이제 너무나도 이기적인 에너지사용 문화를 바로잡아야 한다. 우리가 살아가는 이 지구환경을 배려하고, 정겨운 '워낭소리'가 들리도록 하기 위한 노력을 기울여야 한다.

계절은 오고 또 가지만

우리 생애 또 한 번의 아름다운 계절이 찾아온다. 그리고 또 지나간다. 그러나 요즘 사계절 중 봄, 가을은 여름과 겨울에 밀려 너무 짧아지고 있다. 사계 구분이 세월이 지날수록 희미해지고 있다. 조금조금씩 봄과 가을을 도둑맞고 있다고나 할까.

어느 기상전문가에 따르면 앞으로 50년 후 한반도 기온이 3℃ 이상 상승할 것이라 한다. 한반도는 온난화 현상에 의해 여름과 겨울은 길어지고 봄과 가을은 짧아진다. 또한 봄과 가을에는 가뭄도 심각해진다. 한편 지구 반대편에서는 홍수로 난리다. 해마다 극심해지는 폭염과 추위, 그리고 점점 빈번하고 거대해지는 태풍과 엄청난 폭설……. 한쪽은 가뭄으로 신음하고 한쪽은 폭우와 폭설로 몸살을 앓는 이 세상. 그뿐인가. 갈수록 심해지는 미세먼지와 각종 전염병들.

이 세상에 살고 있는 우리도 몸과 마음이 편하지 않다. 원인은 편리함으로 길들여진 우리의 욕망을 충족하기 위해 무자비하게 파헤쳐지고 있는 화석에너지. 이에 따른 온실가스의 급속한 증가로 나타나는 지구온난화 현상. 지구온난화, 아니, 기후위기 현상과 우리의 일상은 마치 원인과 결과처럼 서로 맞물려 있다.

이러한 현상에 대해 국가, 정치권 및 시민단체뿐 아니라 의식 있는 일부 종교계에서도 이에 대한 자성과 변화의 움직임이 있다.

불교계에서는 우리가 자행한 무분별한 에너지 개발과 사용이 이 같은 업보를 낳은 것이라 한다. 붓다는 세상 만물이 모두 '불이(不二)'라 말씀하셨다. 이를 새겨본다면 오늘날 지구 곳곳이 앓고 있는 몸살의 책임은 나로부터 시작된 것이며 이는 결국 내게 돌아온다는 사실을 우리는 직시해야 한다. 그러므로 풍요로움과 편리함을 좇다 직면한 재앙에서 벗어나는 길은 스스로 '욕망'을 다스리는 길뿐이다. 문명에 찌들어 키워진 욕망을 거두어야 한다. 소박한 삶을 강조하는 붓다의 가르침이야말로 우리 앞의 재앙을 최소화하는 최상의 해결책이다. 붓다의 가르침에 따라 나와 가정, 사찰과 우리 사회가 이제는 친환경적 생활 습관을 실천하며 소욕지족(少欲知足)의 삶으로 방향을 전환해야 한다.

한편 지구 환경 보존을 위해 노력하는 기독교계의 입장은 어떤가? 지금의 기후위기 상황을 '하느님의 영역으로 정해져 있는 선악과와 생명나무를 침범한 인간의 교만, 탐욕이 낳은 결과'로 해석할 수 있다. 온실가스는 우리의 욕망이 빚어낸 결과이고, 기후위기는 신음하는 자연이 우리에게 보내는 경고가 될 수 있다. 우리에게는 하느님이 창조하신 이 지구를 보전해야 할 책무가 있다. 인간은 과도한 탐심과 성장, 발전, 효율 속도에 중독된 상태에서 깨어나 하느님이 아름답게 창조하신 이 지구에서 많은 생명들과 함께 살아가야 한다. 따라서 우리가 지구에 고통을 주며 누리고 있던 것을 고백하고 회개하며, 지구의 아픔을 덜어주는 거룩한 습관을 실천해야 한다. 기후위기시대에 에너지 절제가 어떠한 행동으로 표현될 수 있는지를 고민하고, 교회와 교인의 동참을 제안할 수 있도록 전파하며 이를 확산해야 한다.

'에너지절약을 통한 친환경 세상 구현'을 표방하는 종교계의 작은 움직임이 점차 힘을 얻고 있다. 이에 부응해 몇 년 전부터 우리나라 에너지 전문 기관인 한국에너지공단의 경기지역본부는 체계적인 프로그램을 통해 실천운동을 적극 추진한 바 있다. 이른바 '에너지절약 ACE운동'이다. ACE란 에너지 진단(Audit), 교육(Education), 에너지 절약 문화(Culture) 확산을 의미한다.

2014년부터 한국에너지공단 경기지역본부와 함께 시작된 이 운동은 첫째, 에너지관리의 사각지대라 할 수 있는 종교시설에 대한 에너지 진단(Audit)을 통해 에너지 낭비 요소를 분석, 해결책을 제시한다. 이 진단에 따라 종교시설도 고효율 LED 램프 교체, 노후시설 개체 등의 방법으로 에너지 사용량을 줄인다. 또한 지열, 태양광 등 신재생에너지로 전기를 생산하며 환경보전에 앞장서 나간다. 에너지절약을 통한 친환경 세상을 표방하는 종교단체가 속속 등장하고는 있으나, 종교시설도 에너지 사용으로 온실가스를 배출하는 주범인지라, 먼저 교회, 성당, 사찰 등 종교시설에 대한 에너지 진단을 통해 효율성을 제고해야 한다.

한편으로는 교육(Education)과 홍보 등을 통해 친환경 에너지절약 문화(Culture) 확산을 도모해 나간다. 이를테면 예배 또는 법회시간 중 절전광고, 에너지절약 주일 지키기, 실내 적정 냉난방 온도 지키기 캠페인 등 자체 네트워크를 활용한 홍보와 교육을 통해 에너지절약 운동을 적극 전개해야 한다. 더 나아가 종교 시설뿐만 아니라 신도의 가정에까지 이러한 문화를 확산해야 한다. 이 프로그램은 한국교회환경연구소와 불교환경연대 등과 협업해 2016년까지 추진되면서 많은 성과를 일궈냈다. 그 이후 2~3년간 여러 사정으로 인해 프로그램 추진이 잠정 중단되고 있다가 2020년부터는 경기도 안성시에 소재한 천주교 미리내 성지를 대상으로 한국에너지공단 경기지역본부가 천주교 수원교구, 경기지속가능협의회, 경기에너지협동조합, 지자체 등과 협업해 성지 내 주차장에 교인참여 협동조합형 태양광 발전사업과 교인 대상 에너지절약, 신재생 교육·홍보 사업 등을 추진할 계획이다.

그간 추진한 활동내용을 되돌아본다. 2014년, 경기도 수원시 장안구 소재 수원성교회를 시범 모델교회로 정하고 에너지절약과 환경보전의 효과를 동시에 거둘 수 있는 방안을 강구하기 위해 사전조사와 에너지진단에 착수했다. 그 결과 흡수식 냉온수기 공기비 조정, 흡수식 냉온수기 운영 방법 개선, 태양광설비 도입, 조명 교체 등의 솔루션으로 에너지 절감량 약 10.4toe, 절감액 5,300여만 원의 개선 기대 효과를 제시했다. 또한 예수교장로회 녹색교회협의회와 예수교장로회 경기노회의 교회 네트워크를 기반으로 '교회 전기 10% 줄이기' 캠페인을 경기도 내 교회들을 대상으로 추진했다. 이는 종교단체 계층별 교육을 통해 에너지 절약 의식 제고와 문화 조성을 위함이었다. 실제로 수원성교회 등 3개 교회 및 201개 신자 가구를 대상으로 여름철(6~8월) 전년 대비 전기사용량 10% 줄이기 목표 실천운동을 전개했다. 운동이 시작된 6월부터 전기사용량이 감소해 8월까지 월평균 1,047kWh를 절약했다.

한편, 지난 2015년에는 경기도 화성 소재 대한불교 조계종 제2교구 본사 용주사 에너지 진단을 실시했다. 당시 용주사는 전기요금만 연 2억 원 가까이 지출되고 있어 이에 대한 개선이 시급한 실정이었다. 사찰 대부분이 단열이 어렵고 여러 채로 구분된 건물에서 개별적으로 냉·난방기를 가동하고 있어 에너지 절약이 쉽지 않은 상황이었다. 이에 에너지 진단을 통해 LED 조명 교체, 최대수요 전력제어장치와 에너지저장시스템 ESS(Energy Storage System) 도입, 태양광, 지열에너지 시스템 등 신재생에너지설비 적용 등을 통해 5천여만 원 이상의 개선 기대 효과를 제시한 바 있다.

이외에도 기독교에서는 평택 기쁜교회와 시온성교회, 의정부 녹양교회, 산본 중앙교회, 용인 목양교회와 명선교회, 동탄에 소재한 동탄시온교회, 부천의 부천참된교회 등 교회 건물과 불교계 여주 신륵사 사찰을 에너지효율 향상 진단을 통해 총 87.39toe, 2억여 원의 개선 방안을 제시했다. 또한 이 기간 '여름철 전기 10% 줄이기' 절전 프로그램을 통해 신도 가구 총 489가구에서 102,051kWh의 절전 실적을 일궈낸 바 있다.

이에 그치지 않고 여름철 절전 실적 400만 원을 나눔캐시백화 해 평택 소재 노인보호시설인 햇살사회복지회, 취약계층 아동 복지시설인 송탄지역아동센터와 아동복지시설인 아한지역아동 센터, 장애인복지시설인 엘림보호작업장 등에 기부하기도 했다. 일부는 겨울철 내복, LED, 창호단열 물품을 구입해 증여했다. 이러한 활동은 당시 종교 언론매체인 국민일보, 불교신문, CTS 등에 특집으로 보도된 바 있다.

이 같은 과거의 사례뿐 아니라 지금도 의식 있는 종교 단체들을 중심으로 기후변화를 막기 위해 자생적으로 의미 있는 노력을 기울이는 사례를 목격할 수 있다.

2020년 4월, 기독교환경교육센터 살림은 한국교회와 공동으로 기후위기시대에 걸맞은 '탄소 금식운동'을 진행했다. 함께하는 교회들에 매주 하나씩 주간별 주제와 행동 변화를 요청하는 '액션 플랜'을 배포하면서 실천을 독려했다. 주요 내용은 아무것도 사지 않기, 일회용(플라스틱) 금지, 전기 사용 줄이기, 고기 금식, 전등 끄고 기도의 불 켜기, 종이 금지 등 지구를 살리는 거룩한 습관을 들이는 실천 운동을 전개해 나가는 것이다.

이같이 에너지 문제는 이미 우리 종교계와 일상생활 속에 깊숙이 들어와 있다. 이제는 현재 우리가 마주하는 삶과 우리가 꿈꾸어야 할 삶, 그리고 미래를 위해 우리는 어떤 삶을 선택할 것인가에 대해 진지하게 고민해야 할 때가 왔다.

더 나아가 우리 종교계는 이제 지속 가능한 친환경적 삶을 위한 역할을 제시하고 적극적인 실천운동을 전개해 나갈 때다.

하느님의 창조질서 보전과 실천! 붓다의 탐욕과 집착을 거두는 소박한 삶! 이 세상을 살아가는 우리에게 절제를 강조하는 종교계의 가르침은 우리 앞의 재앙을 최소화하는 훌륭한 해결 방안이 아닐까.

계절은 오고 또 계절이 가도……. 혹독한 찬바람을 헤치고 다가오는 따스하고 사랑스러운 봄볕이 언제나 우리에게 희망의 빛으로 함께하기를 바란다. 이를 위해 에너지 이용에 대한 깊은 성찰과 절제, 절약의 실천운동이 종교계를 중심으로 더욱 확산되기를 기대해본다.

고래가 기후변화를 막는다?

최근 기후변화의 대책으로 나무 수천 그루를 심는 것보다 고래 한 마리를 보호하는 것이 더 효과적이라는 연구 결과가 나왔다. 한국해양수산개발원(Korea Maritime Institute)은 국제통화기금(International Monetary Fund)이 발간한 〈재정과 개발〉이라는 보고서에 이와 같은 논문이 게재되었다고 밝혔다.

고래는 날씨를 알려주는 지표 동물이면서 지구온난화를 저지하는 동물이다. 큰 고래 한 마리는 일생 동안 이산화탄소를 평균 33톤 흡수하는데, 흡수된 탄소는 고래가 죽어 바다 밑으로 가라앉아도 수백 년간 그 속에 갇힌다.

현재 고래 개체 수는 130만 마리이지만, 포획 전인 400만~500만 마리 수준으로 돌아갈 수 있다면 연간 17억 톤의 이산화탄소를 포집할 수 있다고 분석했다. 나무 한 그루의 이산화탄소 흡수량이 약 22kg인 것에 비해 고래는 매우 많은 양의 이산화탄소를 흡수한다.

고래는 엄청난 양의 이산화탄소를 저지하는 탄소 저장소 역할은 물론, 지구 대기 산소 공급에 큰 역할을 하는 식물성 플랑크톤의 성장을 돕기도 한다. 고래의 배설물에 있는 철분과 질소가 이러한 미생물들에게 이상적인 성장 조건을 제공하기 때문이다.

또한 고래는 '고래 펌프'라고 하는 수직 운동과 '고래 컨베이어 벨트'라고 불리는 대양을 가로지르는 이동을 통해 바다 표면으로 미네랄을 가져온다. 이 활동도 식물성 플랑크톤의 성장에 영향을 미친다. 식물성 플랑크톤은 우리 대기 중 산소의 50% 이상을 생산할 뿐만 아니라, 대기 중 이산화탄소의 40%인 370억 톤 가량을 포획한다. 이는 나무 1조 7천 억 그루와 맞먹는 수준이며, 4개의 아마존을 모아 놓은 것과 비슷하다. 논문의 저자들은 식물성 플랑크톤 생산력을 1% 증가시키는 것이 다 자란 나무 1억 그루가 갑자기 증가했을 때 발생하는 산소 생산량과 비슷하다고 분석했다. 그렇다면 고래의 금전적 가치는 얼마나 될까? 논문에 따르면, IMF는 거대한 고래 한 마리의 가치를 200만 달러 이상으로, 현재 바다에 생존하는 모든 고래의 가치를 1조 달러 이상으로 추정하고 있다. 또한, 이러한 고래의 효과에 대해 전 세계인이 1년간 13달러씩 고래 보호 비용을 지불할 만큼의 큰 가치가 있는 것으로 보며, 기후변화 대응 수단으로서 고래의 가치를 다시 한번 강조했다. 하지만 지난 수십 년 동안 상업적인 고래잡이가 이루어지면서, 생물학자들은 전체 고래의 개체 수가 과거의 4분의 1 이하인 것으로 추정하고 있다. 상업적인 고래잡이는 최근 들어 감소했지만, 고래는 여전히 선박과의 충돌과 그물에 걸리는 일, 플라스틱 쓰레기와 소음 공해 등으로 생존에 큰 위협을 받고 있다.

지금껏 우리는 고래 보호를 단지 멸종 위기 동물을 보호한다는 관점에서만 바라보았을 뿐, 고래가 이 지구의 기후변화를 막는 데 큰 도움을 주고 있다는 점은 인식하지 못했다. 인간과 지구를 위해서라도 고래 포획을 금지하고 개체 수를 늘릴 수 있도록 다 함께 노력해야 한다.

출처 : 한국에너지공단 네이버 블로그

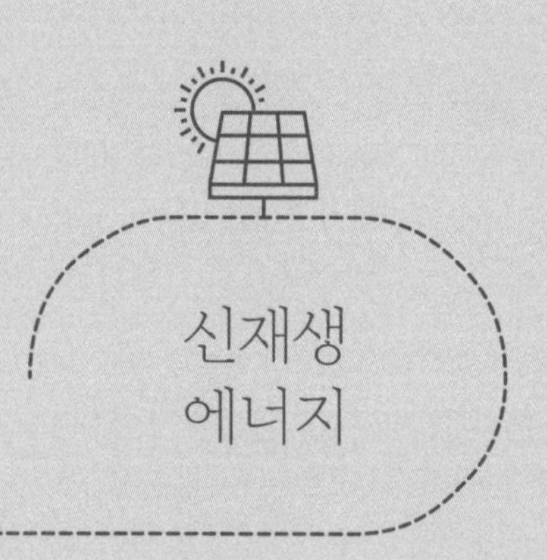

태양과 바람으로부터 생산된 전기, 그 전기로 물을 분해해서 생산한 그린수소, 그 수소를 연료로 주입해 달리는 수소차, 그 수소차 운행의 부산물로 생긴 물이 다시 그린수소를 생산하는 청정한 미래를 기대해본다.

part 4

에너지의 새로운 시대를 꿈꾸며

신재생에너지란 무엇인가

신재생에너지는 화석에너지의 고갈과 환경문제에 대한 핵심 해결 방안이며, 신성장 동력인 친환경에너지산업이라고 말하는 전문가들이 많다.

유가의 불안정, 기후변화협약 규제대응 등으로 신재생에너지의 중요성이 재인식되면서 에너지 공급 방식의 다양화 필요성이 대두되고 있다. 이에 따라 선진국에서는 신재생에너지에 대한 꾸준한 연구개발과 보급정책 등을 적극 추진 중이다.

신재생에너지란 「신에너지 및 재생에너지 개발·이용·보급촉진법」에 따라 기존의 화석연료를 변환시켜 이용하거나 수소, 산소 등의 화학반응을 통해 전기 또는 열을 이용하는 신에너지와 햇빛, 물, 지열, 강수, 생물유기체 등을 포함하는 재생 가능한 에너지를 변환시켜 이용하는 재생에너지로 정의되고 있다.

수소, 연료전지, 석탄 액화·가스화 및 중질잔사유 가스화 등 신에너지 3개 분야와 태양광, 태양열, 바이오, 풍력, 수력, 해양, 폐기물, 지열 등 재생에너지 8개 분야, 총 11개 원으로 구성되어 있다. IEA에 따르면 2030년 전 세계의 에너지 수요증가율은 2017년 대비 재생에너지 45%, 천연가스와 원자력 23%, 원유 9%, 석탄은 0.9%로 재생에너지산업이 가장 크게 발전할 것으로 전망하고 있다. 이에 우리나라도 2030년까지 1차 에너지의 20%를 신재생에너지로 보급한다는 중장기 목표를 세우고 기술개발과 보급사업 등에 지원을 강화하고 있는데, 대부분은 태양광, 풍력 발전을 중심으로 추진되고 있다.

비록 저렴한 전력요금과 태양광에 대한 주민 수용성이 낮아 태양광산업 발전의 걸림돌이 되고 있지만 적극적인 홍보와 적합한 사업모델 개발을 통해 해결할 것으로 보인다. 미국, 일본 등이 달성한 Grid Parity(화석연료의 발전단가와 재생에너지 발전단가가 동일해지는 상황)는 우리나라의 경우 상대적으로 전기요금이 낮아 2025년 이후에나 달성 가능할 것으로 전망된다.

향후 에너지 수요 감소에 대비한 신재생에너지 기초분야 기술개발, 에너지 관련 스마트산업 육성, 스마트 계량기 보급 등을 통한 효율 향상이 이루어질 것으로 보인다. 이에 따라 관련 국내 산업과 해외 수출 활성화 등으로 신재생에너지 관련 산업 분야는 미래가 밝다고 할 수 있다.

신재생에너지원에 대한 정의와 대략적 소개는 다음과 같다.

- **태양광** : 태양광발전시스템(태양전지, 모듈, 축전지 및 전력변환장치로 구성)을 이용해 태양광을 직접 전기에너지로 변환시키는 기술이다. 참고로 태양에서 지구에 도달하는 에너지 중 수집 가능한 에너지는 1.2% 정도인데, 인류가 1년 동안 필요한 에너지는 태양에서 지구에 도달하는 에너지 중 0.02%에 불과(?)하다. 그만큼 태양은 엄청난 에너지를 가지고 있다.
- **태양열** : 태양열이용시스템(집열부, 축열부 및 이용부로 구성)을 이용한다. 태양광선의 파동성질과 광열학적 성질을 이용해 태양열 흡수·저장·열변환시키는 기술이다. 이를 통해 건물의 냉난방 및 급탕 등에 활용한다.
- **풍력** : 풍력발전시스템(운동량변환장치, 동력전달장치, 동력변환장치 및 제어장치로 구성)을 이용해 바람의 힘을 회전력으로 전환시켜 발생하는 유도전기를 전력계통이나 수요자에게 공급하는 기술이다.
- **연료전지** : 수소, 메탄 및 메탄올 등의 연료를 산화시켜 생기는 화학에너지를 직접 전기에너지로 변환시키는 기술이다.
- **수소에너지** : 수소를 기체 상태에서 연소 시 발생하는 폭발력을 이용해 기계적 운동에너지로 변환해 활용하거나 수소를 다시 분해해 에너지원으로 활용하는 기술이다.

- **바이오에너지** : 태양광을 이용해 광합성 되는 유기물(주로 식물체) 및 동유기물을 소비해 생성되는 모든 생물 유기체(바이오매스)의 에너지다.

- **폐기물에너지** : 사업장 또는 가정에서 발생되는 가연성 폐기물 중 에너지 함량이 높은 폐기물을 열분해에 의한 오일화기술, 성형고체연료의 제조기술, 가스화에 의한 가연성 가스 제조기술 및 소각에 의한 열회수기술 등의 가공·처리 방법을 통해 연료를 생산하는 기술이다.

- **석탄가스 액화** : 석탄, 중질잔사유 등의 저급원료를 고온, 고압 속에서 불완전연소 및 가스화 반응시켜 일산화탄소와 수소가 주성분인 가스를 제조해 정제한 후 가스터빈 및 증기터빈을 구동해 전기를 생산하는 신발전기술이다.

- **지열** : 지표면으로부터 지하로 수 미터에서 수 킬로미터 깊이에 존재하는 뜨거운 물(온천)과 돌(마그마)을 포함해 땅이 가지고 있는 에너지를 열교환기, 즉 히트펌프를 이용해 사용하는 기술이다.

- **수력** : 댐, 개천, 강이나 호수 등의 물의 흐름으로 인한 유효낙차를 이용해 물의 위치에너지를 운동에너지로 변환, 터빈의 회전력을 활용해 전기를 발생시키는 설비로 시설용량은 10,000㎾ 이하의 소규모 수력발전이다.

- **해양에너지** : 해수면의 상승·하강운동을 이용한 조력발전과 해안으로 입사하는 파랑(해수의 주기적 운동)에너지를 회전력으로 변환하는 파력발전, 해저층과 해수표면층의 온도 차를 이용, 열에너지를 기계적 에너지로 변환, 발전하는 온도차 발전이다.

이와 같이 화석연료를 대체할 신재생에너지는 환경오염이 없고 무한한 에너지원이라는 장점이 있다. 하지만 그 한계 또한 명확하다. 화석연료에 비해 전기 생산비용이 많이 들고, 자연을 이용하다 보니 지리와 기후에 제약을 받는다. 가령 풍력발전은 계절과 날씨, 낮밤에 따라 바람의 세기가 달라 발전량이 불규칙하다. 태양광발전은 태양전지를 설치하는 만큼 발전량이 늘어나지만 그만큼 넓은 부지를 확보해야 한다. 수력발전 또한 강수량에 영향을 받는다.

그런데 바로 여기에 신재생에너지의 또 다른 장점이 있다. 기술에너지라는 점이다. 이 말은 기술개발을 통해 이러한 한계를 극복할 수 있다.

일례로 최근 관심이 집중되는 기술이 있다. 남는 전력을 고용량 배터리에 저장했다가 필요할 때 이용할 수 있도록 하는 '중대형 에너지 저장시스템(Energy Storage System)'이 그것이다. 이 시스템이 보급되면 전력소비가 많지 않을 때는 초과 생산된 전기를 비축해두었다가 전력소비가 많은 여름, 겨울에 쓸 수 있다. 그만큼 발전소 건설비와 송전선 설치비 등을 절감할 수 있다. 뿐만 아니라 지리와 환경의 제약으로 출력이 불규칙한 신재생에너지를 안정적인 고품질 전력으로 변환할 수 있다. 전력공급을 안정화시키고, 신재생에너지가 확산되도록 하는 데 반드시 필요한 기술이라고 할 수 있다. 국내 상황은 아직 기술적으로 더 보완해야 할 점이 있지만 그만큼 발전 가능성이 더 보이는 분야이기도 하다.

세계는 바야흐로 자원기술 경쟁시대에 돌입하고 있다. 원자력 발전의 안정성 문제가 대두되고, 에너지 공급 방식의 다양화 필요성이 더욱 제기되면서 자원 경쟁보다는 자원 기술 경쟁 시대로 돌입하고 있는 것이다. 여러 선진국에서 과감한 연구개발을 추진하고 있는 이유이기도 하다.

이러한 세계적 조류에 발맞춰 우리나라 정부도 핵심원천기술 개발과 관련 장비 및 부품의 국산화, 관련 실증단지와 산업단지 조성 등 신재생에너지 관련 연구개발 및 사업화 정책에 드라이브를 강력히 걸고 있다.

이에 따라 관련 인력 수요도 증가하고 있으며 산업 규모 또한 지속적인 성장추세를 보이고 있다. 따라서 신재생에너지 분야의 발전 가능성은 무궁무진해 보인다.

태양광 그리고 풍력발전, 그것이 알고 싶다

대기오염 개선, 온실가스 감축 등 기후변화 대응을 위해 전 세계적으로 기존 화석연료에서 벗어나 안전하고 깨끗한 신재생에너지 중심으로 에너지 대전환이 이뤄지고 있다. 정부는 이러한 세계적 흐름에 부응해 약 7%에 해당하는 재생에너지 발전 비중을 오는 2030년까지 20%로 늘리는 것을 목표로 '재생에너지 3020 이행계획'을 발표했고, 이를 적극 추진 중이다.

이행계획 목표 달성을 위해서는 주민수용성과 입지규제 등 재생에너지 보급에서 발생하는 애로사항을 해결함과 동시에 에너지 전환을 가속화할 수 있는 에너지 플랫폼이 뒷받침되어야 한다.

특히 신재생에너지 중 태양광과 풍력발전은 자원고갈 없이 지속적으로 에너지를 만들어 낼 수 있는 대표적인 에너지원으로, 많은 보급이 이뤄지고 있다. 그러나 보급이 늘어나면서 제기되고 있는 문제들과 관련해 바른 이해가 아직은 부족해 보인다. 즉 풍력·태양광 등의 재생에너지에 대한 올바른 인식 전환과 주민 수용성 확보 방안이 필요하다는 지적이 제기되고 있다. 이를 위해서는 국가 정책에 대한 올바른 정보 제공과 소통이 필요하다.

결론부터 말하면 태양광 발전은 빛에너지를 모아 전기로 바꾸는 것으로 몸에 나쁜 공해를 만들지 않고, 연료도 필요 없으며, 조용하다. 또한 풍력 발전은 바람의 힘을 이용해 전기를 생산하는 것으로 산이나 바다 등 사람이 살지 않는 외진 땅에 설치되어 국토를 효율적으로 활용할 수 있다. 이처럼 여러 장점에도 불구하고 태양광과 풍력발전에 대한 잘못된 정보는 재생에너지 보급 확대에 걸림돌이 되고 있다. 이에 그 동안의 오해와 진실을 다음과 같이 그림을 곁들여 Q&A 형식으로 소개한다. (《태양광&풍력발전 바로알기》, 한국에너지공단, 2018. 5.)

Q1 태양광 발전설비의 전자파가 인체에 나쁜 영향을 미친다?

한국화학융합시험연구원에서 펴낸 《태양광 발전소 전자파 환경 조사연구》(2012. 1.)에 따르면, 인버터실 외부 벽면에서 1~3m, 태양광 모듈 주변 1m 거리에서 측정한 결과 태양광 발전소의 전자파는 직류전기를 교류로 변환해주는 인버터라는 전력변환장치 주변에서 아주 적은 양이 발생한 것으로 나타났다.

태양광 발전소 주변 전자파 세기

측정지점	인버터 실외	태양광 모듈	인근농장
전자파세기(mG)	1.03~10.59	1.03~2.23	0.9~2.2

* 인버터실 외부 벽면에서 1~3m, 태양광 모듈 주변 1m 거리 측정

따라서 태양광 발전소의 전자파 세기는 정부의 '전자파 인체 보호기준(미래창조과학부고시 제2013-118호)'인 833mG보다 매우 낮은 1% 수준이다. 또한 우리가 일상에서 흔히 사용하는 생활가전기기의 전자파 세기보다 낮은 수준으로 인체에 해롭지 않다.

전자파 세기 비교(생활가전기기 VS 태양광 인버터)

품명 구분	휴대용 안마기	전기 오븐	전자 레인지	태양광인버터 (3kW)	인덕션	전기 장판
전자파세기(mG)	110.75	56.41	29.21	7.6	6.19	5.18

측정 기준: 주파수 세기 60Hz, 이격거리 전기오븐 50cm, 전자레인지·인덕션·태양광 인버터 30cm, 휴대용 안마기·전기장판 밀착

자료: 〈생활가전기기 및 휴대전화 전자파의 안전이용 가이드라인 개발연구에 관한 연구〉, 국립전파연구원, 2012.

Q2 태양광 발전설비의 빛 반사가 눈부심을 유발하지 않나요?

태양광발전설비의 빛 반사는 유리 반사율보다 적다. 우리 주변에 존재하는 건물이나 비닐하우스 또는 어떠한 생활 시설물에도 태양 빛에 의한 반사는 존재한다. 태양광을 활용해 많은 전기를 생산하려면 빛의 반사는 최대한 줄이고 흡수율을 높여야 하기 때문에 모듈 제작 시 빛을 잘 흡수할 수 있는 특수유리를 사용하며, 모듈 표면의 반사방지 코팅기술을 적용해 반사율을 최소화하고 있다. 따라서 태양광 모듈에서 발생되는 빛 반사율은 우리 주변에서 흔히 볼 수 있는 건축물의 외장 유리, 비닐하우스 또는 수면의 빛 반사율보다 낮다.

아울러 미국 매사추세츠 주정부 자료(〈Clean Energy Results〉, 매사추세츠 에너지자원부·환경보호부·친환경센터, 2015. 6.)에 따르면 태양광 모듈의 빛 반사율은 수면, 유리창에 의한 반사율보다 낮은 5~6%로 빛 반사로 인한 눈부심은 거의 없는 것으로 나타났다.

빛 반사율 비교

품명 구분	강화유리	태양광 모듈	
		단결정 실리콘 모듈	다결정 실리콘 모듈
반사율(%)	7.48	5.03	6.04

측정 기준: 가시광 영역인 400nm~800nm 파장 범위
자료: 〈태양광발전시스템 과장과 민원 발생 유형〉, 한국태양광발전학회, 2015. 6.

Q3 태양광 발전설비가 주변 환경에 피해를 주진 않을까?

태양광 발전소 주변 실증조사 결과 주변 환경에 주는 피해는 확인되지 않았다. 2011년 건국대학교와 한국화학융합시험연구원이 발표한 〈태양광 발전소의 주변 환경에 미치는 영향 조사·분석〉에 따르면 2010년부터 2011년까지 200기의 태양광 발전소를 대상으로 발전소 주변 74개 축사와 인근 지역에 대한 일조량, 대기 온도·습도, 가축의 체중 변화 및 스트레스 호르몬 검사 등을 일반 지역과 비교 실시했으나 특이한 차이점은 없었다. 또한 태양광 발전소 주변 지역에 대한 열화상 촬영 결과 인접 지역 간 특이한 온도 차이가 발생하지 않았다. 실험동물을 이용해 체중 변화, 스트레스 호르몬 검사 등을 관찰한 결과에서도 발전소 인근의 동물과 일반 지역의 동물 사이에 특이한 차이가 없었다.

오히려 태양광 발전소의 환경 영향이 미약하기 때문에 독일 바바리아에서는 가축들을 태양광 발전설비 주변에 방목해 태양광 발전과 양들과의 공생으로 발전 수익 이외에 추가적인 축산수익 부가가치를 창출하고 있다.

Q4 태양광 모듈 세척으로 주변 토양 및 지하수가 오염되지 않을까?

태양광 모듈 위에 먼지가 쌓이면 태양 빛의 흡수율이 낮아져서 전기 생산량이 줄어들기 때문에 모듈 위에 쌓인 먼지를 지속적으로 세척해야 한다. 대부분의 태양광 발전소는 태양광 모듈 세척을 위해 빗물 또는 지하수·수돗물을 이용하고 있어 모듈 세척에 따른 주변 토양 및 지하수 오염 위험은 거의 없다.

태양광 모듈은 밀폐되어 있고 표면에는 유해성분이 포함되어 있지 않아 공기, 물 등에 오염물질이 유출되지 않는다. 이에 대한 결과는 2015년 6월 매사추세츠 에너지자원부·환경보호부·친환경센터에서 펴낸 〈Clean Energy Results〉에 잘 나와 있다.

Q5 수상 태양광 설치로 수질오염 등의 환경문제가 발생하지 않을까?

정부의 두 차례에 걸친 수상태양광 주변 수질 및 퇴적물 분석 결과, 수상태양광 주변 환경과 일반지역과에는 생활환경기준 항목에서 큰 차이가 없었으며, 조사 수치는 퇴적물 오염평가 기준보다 낮아 수상태양광 설치에 따른 환경적 영향이 매우 미미한 것으로 분석되었다(〈수상태양광 발전사업 현황과 정책적 고려사항〉, 한국환경정책평가연구원, 2015.). 또한 수상태양광 설치 시 환경영향평가 등을 통해 수질오염, 사고 예방을 엄격하게 관리하고 있다. 정부는 수상태양광 발전사업 착공 전 환경영향평가 등을 실시해 입지선정, 수질 및 수생태계 영향, 시설 안정성, 경관 등을 철저히 검토하고 있다. 한편 수상태양광 모듈에는 수도용 자재위생안전기준에 적합하고 오염물질이 발생하지 않는 내습형 모듈을 사용하고 있어 생활용수로 사용하는 댐·저수지 수면에 수상태양광이 설치되는 경우에도 식수오염에 대한 우려를 하지 않아도 된다. 또한 착공부터 사업 준공 후 10년간 장기 모니터링을 실시하며 만약 사고로 인한 문제 발생 시 즉시 철거하도록 규정하고 있다(〈수상태양광 발전사업 환경성평가 협의 지침〉, 2016.12.).

Q6 풍력발전기의 소음이 인체에 피해를 주지 않을까?

풍력 발전기의 소음은 발전기 기계 소음보다 블레이드 회전으로 인한 소음이 대부분인데, 이 소리는 현지 풍속에 따라 큰 편차를 보이며, 사람에 따라 반응도 다양한 편이다. 미국 매사추세츠주 공공보건부 및 환경보호부의 용역보고서에 따르면 풍력발전기 400m 거리의 소음은 40dB 수준으로 나타났다(〈Wind Turbine Health Impact Study: Report of Independent Expert panel〉, 2012.1.). 이는 우리나라 주거지역의 사업장 및 공장 생활소음 규제기준(소음·진동관리법 시행규칙 별표8 생활소음 규제기준)인 주간 55dB, 야간 45dB 보다도 낮은 수치다. 호주 정부의 연구 자료(〈Wind energy–the facts: Wind farms and health〉, 호주 청정에너지 위원회, 2015.1.)에 따르면, 풍력 발전기의 저주파 소음이 인체에 부정적인 영향을 미친다는 과학적 근거는 발견되지 않았다.

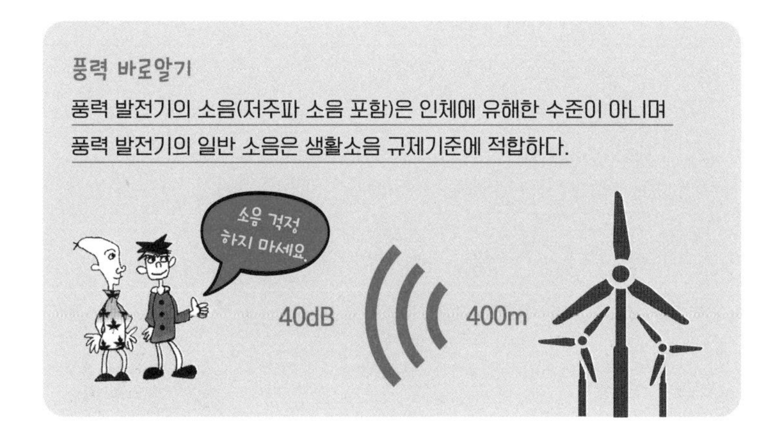

Q7 풍력 발전기가 주변 산림을 훼손시키지 않을까?

산지에 설치되는 풍력발전기는 산지관리법 및 동법 시행령에 따라 최대 20년만 운영할 수 있으며 운영 종료 후에는 자연환경 원상복구하도록 의무화해 산림 훼손을 최소화하고 있다. 그리고 산지에 풍력 발전사업 착공 전, 정부는 환경영향평가 등을 실시해 생물서식지 보전, 지형·지질·토양 훼손, 경관 영향 등을 철저히 검토하고 있다. 환경영향평가 시 풍력발전사업으로 보호할 가치가 있는 동·식물의 서식지가 훼손될 것으로 예상되는 경우 주변 지역에 유사한 수준의 대체서식지를 마련하도록 규정하고 있다. 또한 운영 종료 후에는 자연환경을 원상복구하도록 규제하고 있다. 풍력발전사업자는 인허가 신청 시 주변 환경 복구와 관련된 복구설계서를 의무적으로 제출해야 한다. 또한 발전기 설치 전 자진철거 및 복구비용을 사전에 납부하도록 하고 있어 풍력발전기로 인한 영구적 산림훼손 걱정은 하지 않아도 된다. 이에 관한 법률은 산지관리법 제38조(복구비의 예치 등) 및 제40조(복구설계서의 승인 등)에 규정되어 있다.

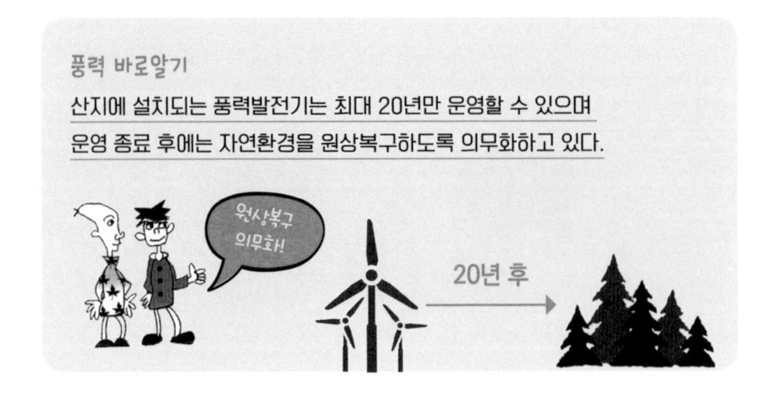

Q8 풍력 발전기가 야생조류에게 주는 피해는 없을까?

풍력 발전기를 설치하면 풍력 발전기 블레이드에 많은 야생조류들이 부딪혀 죽을 것이라는 우려의 목소리가 있다. 그러나 사실 풍력 발전기는 야생조류의 충돌에 큰 영향을 주지 않는다. 미국의 연구조사(〈The Truth about WIND POWER〉, American Wind Energy Association, 2012.)에 따르면 풍력 발전기로 인한 야생조류의 치사율은 건물, 송전선, 자동차, 살충제, 송신탑 등으로 인한 치사율보다 훨씬 낮은 것으로 나타났다. 또한 덴마크 풍력단지(165.6MW) 주변 야생조류의 비행경로를 조사한 결과, 야생조류가 풍력 발전기 약 5km 이내로 접근하면 야생조류의 인지능력으로 인해 비행경로를 변경하는 양상을 보였다(〈Avian collision risk at an offshore wind farm〉, Royal Society-Biology Letters, 2005. 6.).

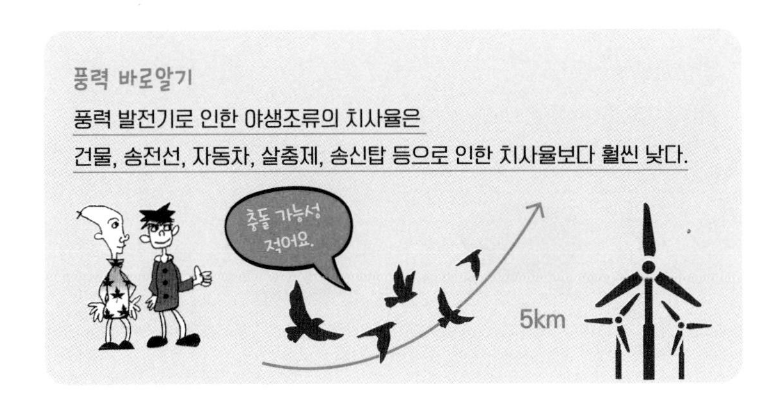

Q9 해상풍력을 설치하면 주변 생태계에 문제가 없을까?

덴마크의 연구 결과에 따르면 해상풍력으로 인한 생태계 변화는 거의 없으며, 오히려 이로 인해 어족자원이 늘어나는 것으로 확인되었다. 제주도 풍력단지에 조성한 바다목장에서도 해상풍력이 어류에 부정적 영향을 미치는 사례는 발견되지 않았다. 발전소 주변 지역의 수산업(바다목장, 양식장 등) 개발과 해양 레저(낚시 등) 관광단지 육성을 통해 지역경제 활성화에 도움이 되고 있다. 특히 정부는 해상풍력 개발 초기 단계부터 철저한 환경평가를 통해 난개발 방지와 지역주민에게 피해가 없도록 추진하고 있다. 덴마크(호른스 레우 60MW, 뉘스테드 165.6MW)에서 2000년부터 매년 해상풍력 주변을 모니터링한 결과, 해상풍력으로 인한 생태계 변화는 미미하고 해상풍력 구조물이 인공어초 역할을 해 오히려 어족자원이 늘어나는 것으로 확인되었다(〈조력 및 해상풍력사업환경평가방안 연구〉, 한국환경정책평가원 / 〈이해하기 쉬운 서남해 해상풍력 개발사업〉, 한국해상풍력, 2015.).

자가용 태양광발전 소비자 피해 예방방지 Tip

Q **자기부담금 없이 정부지원금만으로 태양광 설비를 설치할 수 있다고 하던데 사실일까?**

A 아니다! 정부 지원사업은 설치비의 일부에 대해 보조금을 지원하는 유상 설치사업이다. 무상설치는 허위사실이니 현혹되지 말고 조심 또 조심해야 한다.

Q **정부사업을 하는 기업이라며 태양광 설치 시 정부보조금을 받을 수 있다고 안내받았는데, 어떻게 확인할 수 있나?**

A 한국에너지공단, 한국전력공사, 농협 등 공공기관의 명의를 도용해 정부사업을 사칭하는 사례가 있다. 계약 전 한국에너지공단 신재생에너지센터 홈페이지에서 정부 보급사업 참여기업 여부를 꼭 확인한다.(www.knrec.or.kr → 공지사항 → 참여기업으로 검색)

Q **태양광 설비를 설치하면 전기요금이 90% 이상 절감될 수 있다고 하면서 주택에 태양광 설비 설치를 권유받았다. 사실일까?**

A 전기요금 절감효과 및 설치비 회수기간은 설치환경, 전기사용량 패턴에 따라 유동적이다. 설치비용과 전기사용량을 꼼꼼히 따져 보아야 한다. 전기요금 예상 절감금액(참고용)은 홈페이지에서 확인할 수 있다.(www.knrec.or.kr → 맞춤서비스 → 경제성 분석)

에너지프로슈머, 에너지의 미래 트렌드

에너지프로슈머라는 용어를 혹시 들어보셨는지? 최근 미래 에너지 분야의 트렌드로 자리 잡고 있다.

에너지프로슈머는 에너지(Energy)와 프로슈머(Prosumer)로 이뤄진 용어다. 프로슈머(Prosumer)는 생산자를 뜻하는 Producer와 소비자를 뜻하는 Consumer의 합성어로 생산에 참여하는 소비자를 의미한다. 미래학자 앨빈 토플러가 《제3의 물결》에서 처음 사용한 말이다. 따라서 에너지프로슈머란 '에너지 생산에 직접 참여하는 소비자'라고 정의하면 된다.

에너지 생산량이 소비량보다 많으면 생산자 모드로, 에너지 소비량이 생산량보다 많으면 소비자 모드로 전환하는 특징을 갖고 있다. 가정에서 지붕 위에 태양광 발전설비를 설치해 전기를 생산해서 사용하고 남은 전기는 전기사용량이 많은 이웃에 판다. 누구나 이웃에게 전기를 팔아 수익을 얻을 수 있다. 한편 전기사용량이 많은 이웃은 누진요금 부담을 줄일 수 있다.

《뉴욕타임스》 칼럼니스트 토머스 프리드먼은 자신의 저서 《코드 그린》(부제: 뜨겁고 평평하고 붐비는 세계)에서 에너지 생산·소비가 네트워크로 연결되어 프로슈머의 정보를 직접 확인하고 개인 간 전력거래가 가능하다고 설명한 바 있다.

2016년 우리나라에서도 프로슈머 전력 거래 온라인 서비스를 개시했다. 소규모 재생에너지 보급과 에너지프로슈머 확산을 위해 태양광 생산 전력에서 남는 전기를 이웃에게 판매할 수 있게 한 것이다. 그러나 에너지프로슈머의 전력시장 참여는 아직 지지부진한 편이다. 그래서 에너지프로슈머의 전력시장 참여를 촉진할 수 있는 방안을 활발히 모색하고 있다. 그런데 많은 전문가들은 이에 대한 해답을 블록체인 기술에서 찾고 있다고 한다.

세계 최대 비영리 민간 에너지기구인 세계에너지협의회(WEC)는 2017년 11월 보고서에서 '에너지 업계는 금융 업계를 제외하고 블록체인 기술을 도입하는 데 가장 앞선 분야'라고 평가한 바 있다.

블록체인 기술은 데이터를 블록이라는 소규모 데이터로 쪼개서 이를 P2P 방식으로 연결된 저장환경에 두는 위·변조 방지 기술이라 할 수 있다. 하나의 데이터를 잘라 여러 곳에 분산 저장해서 쉽게 데이터를 바꾸지 못하게 하는 기술이다.

각각의 블록에는 해당 블록이 거래된 내역이 기록되어 있다. 이 내역이 네트워크상 모든 사용자에게 똑같이 전송된다. 수정하길 원하면 수많은 사용자에게 퍼진 거래 내역을 모두 바꾸어야 한다. 그런데 이는 거의 불가능하다. 수정되었더라도 흩어진 데이터를 모아야 정확한 데이터가 다시 복구될 수 있다. 게다가 기존의 전자화폐는 중앙 서버에 거래 기록을 보관했지만 블록체인은 이용하는 모든 사용자가 거래 기록을 서로 보여주면서 비교할 수 있다. 따라서 중앙 서버가 없어도 보안을 유지할 수 있다.

현재 가정에 태양광 패널을 설치하고 여기서 생산된 전기를 되파는 거래가 이루어지고 있다고 하자. 이는 생산자가 수요자에게 전기를 직접 판매하는 방식이 아니다. 한전에 전기를 팔고 한전이 이를 다시 수요자에게 송전하는 방식이다. 간접 거래다. 이는 거래 절차가 복잡하고 관리 또한 쉽지 않다. 송전에 따른 증빙이나 정산이 번거로워 문제가 생길 수 있다. 이에 블록체인 기술을 도입한다면 대형 송전사업자가 직접 개입하지 않고도 개인 간 전력 거래를 자유롭게 할 수 있다. 전력과 함께 블록을 송신하는 방식으로 거래를 할 수 있기 때문이다. 블록에는 지금까지의 모든 거래 내역이 기록되므로 누가 누구에게 전기를 제공했는지

별도의 증빙 절차 없이도 쉽게 알 수 있다. 이에 따라 결제도 즉시 이루어질 수 있다. 거래 데이터를 네트워크상의 모든 시장 참여자가 공유하다 보니 거래의 투명성도 높아진다.

블록체인 기술의 완성도를 높여 전력시장에 적용한다면 누구나 쉽게 참여할 수 있는 간편하고 안전한 전력 거래가 이루어질 것이다. 전력 생산에서 송전, 소비에 이르기까지 기존 전력 거래 시스템의 복잡한 절차를 생략할 수 있다. 전력 거래에 필요한 정보를 블록체인을 통해 실시간 공유하면서 확인과 증빙 절차를 축소할 수 있다. 간편하고 신속한 전력 거래가 가능하다.

중계자의 개입 없이 프로슈머 간 안전하고 투명한 직접 거래 기회가 열린다. 전력 거래 진입 장벽이 낮아져서 소규모 에너지 프로슈머의 전력시장 참여를 촉진시키는 훌륭한 유인책이 될 것으로 기대된다.

신기후체제와 함께 온실가스 감축 필요성이 커지면서 세계 에너지 시장은 신재생에너지를 중심으로 한 중소 규모 전원 네트워크로 변해가고 있다. 거대 자본의 전유물이던 에너지산업에 중소 사업자도 참여하면서 전원설비는 대형에서 중소형으로 범주가 넓어지고 있다. 점점 많아지는 사업자와 설비, 그리고 거래도 천문학적으로 늘어나고 있다. 이에 블록체인이 에너지와 ICT

융합으로 도래할 개인 간 에너지 거래시장의 필수 기술로 부상하고 있다.

세계 선진국의 에너지프로슈머 시스템 동향을 살펴보자.

독일은 에너지프로슈머 이웃 간 거래 플랫폼을 운영하고 있다. 플랫폼을 이용해 태양광발전설비 소유자들을 연결하고, 잉여 전력을 온라인으로 공유하는 방식이다. 재생에너지 생산자는 고정 수익과 전력판매대금을 수익으로 갖는다. 전력 소비자는 저렴한 가격으로 전력을 구매할 수 있다는 점에서 큰 인기를 끌고 있다.

영국에서는 웹 기반 전력거래 플랫폼인 피클로 운영을 통해 30분 간격으로 전력 생산자와 소비자를 연결해주고 있다. 발전사와 소비자는 거래가격과 조건을 제시하고, 이를 판매자가 받아 들이면 거래가 성립되는 시스템이다. 그리고 이 플랫폼은 개인과 기업 사용자들에게 전력 공급과 구매 현황, 망 이용료 등 다양한 데이터들의 시각화 서비스를 제공하고 있다.

네덜란드는 세계 최초의 웹 기반 개인 간 거래 플랫폼인 반데브론을 운영하고 있다. 고객이 전력 생산자가 제시한 가격을 고려해 생산자를 선택해 전기를 거래한다. 40여 개의 신재생 발전 생산자와 연간 50,000kWh 이하의 전력을 소비하는 고객이 단기(1년) 또는 중기(3년)로 계약 기간을 선택해 약정을 체결하는 시스템이다.

미국에서는 1983년 세계 최초로 에너지프로슈머 모델의 하나인 상계거래제도를 도입했다. 소비자가 신재생에너지 발전 설비로 전기를 생산하고 사용한다. 전력회사는 소비자가 사용하고 남은 전력량만큼 상계해서 요금을 매긴다.

이제 우리나라도 장기적 안목에서 태양광발전소와 같은 소규모 분산형 전원이 쉽게 에너지 시장에 참여할 수 있는 환경을 조성해야 한다. 4차 산업혁명시대의 에너지혁명을 이끌 에너지프로슈머를 활성화해야 할 시점이다.

한편으로는 변화하는 전력시장에 대비해 소비자의 시장참여 확대가 중요하다는 지적도 제기되고 있다. 석유시장이 자유화되었을 때 정부, 기업, 학계, 소비자가 공정하고 투명한 석유 시장을 만들기 위해 노력한 바 있다. 앞으로 전력 판매시장에 참여하는 사업자가 늘어났을 때를 대비해 전력시장의 소비자도 이해관계자로서 역할을 할 수 있는 기반을 마련하는 것이 필요하다.

소비자들이 대형 발전소에서 공급하는 전력에 의존하지 않고 스스로 생산하고 자체적으로 소비하는 시대가 되고 있다. 그럼에도 우리나라 전력공급 시스템은 여전히 단일공급자가 가격을 일정 수준에 묶어두고, 소비자에게 안정적으로 공급하는 독점 체제에 머물러 있다.

앞서 언급했듯이 미국, 유럽 등 선진국에서는 전력소매시장이 개방되어 있어 전기요금이나 공급자를 다양하게 선택할 수 있고 거래도 매우 활발하다. 우리나라도 이제 과감하게 규제를 풀어야 한다. 소비자들도 이제 적극적인 행동을 보일 시기다. 그러기 위해서는 에너지가격이나 시장구조가 유연해져야 하고, 소비자들도 공급방식이나 요금선택에 대해 다양한 요구를 해야 한다.

우리나라도 정부의 정책적 지원과 소비자의 적극적 참여로 에너지 분야의 공유 경제인 에너지프로슈머제도를 활성화해야 한다. 그럼으로써 분산형 에너지 시스템 구축, 신재생에너지 이용 확대, 경제적 혜택 영위, 공동의 이익 증진 등의 효과가 나타나길 기대해본다.

에너지 패러다임 변화의 주역으로 떠오르는 에너지프로슈머의 시대가 다가오고 있다.

수소혁명시대를 기다리며

과거 삼풍백화점 붕괴, 대구지하철 화재 등 우리나라에 대형 참사들이 있었다. 가장 최근의 참사는 세월호 침몰사고를 들 수 있다. 2014년 4월에 일어났으니, 이도 벌써 7년이 지났다.

참으로 끔찍한 참사였다. 당시 실시간으로 방송되는 사고현장을 보면서 안타까운 마음에 '만약 우리에게 지금 어떤 강력한 슈퍼파워 에너지가 등장해 구조현장에 투입되어 많은 인명을 구조할 수 있다면' 하는 상상을 하기도 했다. 이를테면 세월호를 순식간에 들어 올려 단번에 인명을 모두 통쾌하게 구조해내는, 영화에서나 연출 가능한 장면 말이다.

미래지향적인(?) 공상을 한 번 더 해본다. 모든 에너지의 근원인 태양. 태양은 그 자체로 거대한 수소 덩어리다. 태양 내부에 가득한 수소를 원료로 엄청난 에너지를 생산해 지구로 공급해준다. 기체 상태로 존재하는 물질 중 가장 가볍고, 우주에서 가장 풍부한 수소가 바로 태양의 에너지원이다. 그 엄청난 에너지의 비밀은 바로 수소의 핵융합반응.

핵융합반응을 이용한 수소폭탄은 인류의 종말을 초래하는 무서운 재앙이 될 수도 있다. 그러나 핵물리학 분야에서 진행 중인 '인공태양'연구와 같이 수소의 잠재력을 극대화한 슈퍼에너지가 탄생한다면 인류의 산업과 경제 등 다방면에서 가히 혁명적인 변화를 불러올 것이다. 공상과학 같지만 결코 실현 불가능한 일은 아니다. 무한 잠재력을 가진 수소에너지의 실용화가 성공적으로 이루어진다면 말이다.

'수소에너지의 실용화'라 함은 우선 수소생산의 효율이 높아져야 함을 의미한다. 많은 어려움이 있지만 그 속에서도 희망은 보이고 있다.

우리는 초등학교 때 이미 물을 전기분해하면 수소가 나온다는 경험을 했다. 이 전기분해의 문제점은 낮은 효율이다. 즉 들어가는 전기에너지에 비해 수소 생산량은 터무니 없이 적어 경제성이 없다. 그런데 물을 끓여 증기로 만들고 이를 전기분해하면 효율이 훨씬 높아진다. 이때 고온의 증기와 전기를 원활히 공급해

주는 것이 관건이다. 이 기술은 독일 등 주요 선진국에서 연구가 활발히 진행되고 있다. 다행인 점은 이를 가능하게 하는 기술과 시스템을 우리나라 역시 보유하고 있다는 것이다.

수소는 연료뿐만 아니라 산업용 기초소재, 식품, 의학, 반도체, 우주공학 등 거의 모든 분야에 폭넓게 활용할 수 있는 가능성이 무궁무진한 물질이다. 화석연료를 사용할 때 이산화탄소나 황화합물 같은 오염물질이 발생되는 것과 달리, 수소는 연소하면서 소량의 물과 극소량의 질소산화물만을 발생시킬 뿐이다. 다른 공해물질이 전혀 발생하지 않는다.

또한 단위중량당 발열량이 석유보다 약 3배 가량 높아 매우 효율적인 에너지다. 지구상에 있는 거의 무한한 양의 물을 이용해서 만들어낼 수 있으며, 사용 후에 다시 물로 재순환되기 때문에 고갈될 염려가 없는 무한 에너지원이라는 점에서 그 가능성은 더욱 크다고 할 수 있다. 특히 수소와 공기 중 산소의 화학반응으로부터 직접 전기를 생산해내는 연료전지는 기존 발전 방식에 비해 발전효율이 높고 공해가 없다는 점에서 각광받고 있다. 연료전지는 자동차나 가정용의 작은 규모에서부터 발전소 같은 큰 규모의 시설에까지 적용할 수 있다. 낮은 전압으로도 효율적인 전기 생산이 가능하다.

세계적인 경제학자이자 미래학자인 제레미 리프킨은 저서 《수소혁명》에서 미래사회는 수소경제사회가 될 것으로 예측했다.

에너지 자원은 과거 목재 연료에서 산업혁명 과정을 통해 석탄과 석유, 가스로 전환되어 왔다. 그는 이러한 역사로 미뤄볼 때 탄소 집약적 에너지자원에서 친환경·저탄소 에너지로, 궁극적으로는 탄소가 없는 수소에너지시대에 도달할 것으로 예상했다.

세계적인 컨설팅 회사인 맥킨지는 〈2050년 수소사회 전망〉을 통해 2050년 수소 관련 산업 분야에서 2조 4,000억 달러 시장과 3,000만 개의 일자리가 창출될 것으로 전망했다. 하지만 이러한 수소에너지의 장점과 인식 변화에도 불구하고 수소에너지시대는 제레미 리프킨의 예상보다 다소 느리게 진행되고 있다. 이는 수소에너지의 생산, 유통, 사용 등 전 과정에 내재된 복합적인 문제들 때문이다.

첫 번째 문제는 수소에너지의 생산 단계다. 수소의 생산은 일반적으로 물을 전기분해하는 수전해 방법, 액화천연가스(LNG) 및 나프타를 개질하는 방법, 석유화학 산업공정에서 나오는 부생수소를 활용하는 방법 등이 있다. 최근에는 태양광, 풍력과 같은 대규모 신재생에너지단지에서 생산된 잉여전력을 활용해 수소를 생산하는 P2G(Power to Gas) 방식도 확대되고 있다. 하지만 현재 개발된 기술로는 대량의 수소를 값싸게 생산할 수 있는 방법이 미비해 기술적 한계에 부딪히고 있는 상황이다.

두 번째 문제는 수소의 유통·저장 단계다. 수소는 가장 가벼운 기체로 부피가 크고 부피 대비 농도가 높을 경우 폭발할 가능성이 있다. 이는 수소의 유통과 저장을 어렵게 만드는 요인이다. 수소에너지의 안정성과 편리성 확보는 수소에너지 활용과 확산을 위해 반드시 해결해야 할 숙제다.

마지막으로 수소를 최종 이용하는 단계다. 수소 이용기술에는 연료전지자동차, 수소충전소, 전기발전용 연료전지, 수소를 직접 연료로 사용·발전하는 수소발전소, 연료전지 및 수전해 복합기능을 갖는 에너지저장시스템(HESS) 등이 있다. 그러나 이러한 방식 대부분은 당장의 경제성 확보에 어려움이 있어 지속적인 기술혁신이 필요한 실정이다.

그럼에도 앞서 언급했듯이 수소에너지는 지구상에서 가장 풍부한 청정에너지원이다. 이에 따라 세계적으로 수소경제, 수소사회 실현을 위한 원대한 계획 수립과 인프라 확충이 활발히 진행 중이다.

예를 들면 일본은 2014년 '국가에너지 기본계획'에 수소사회 실현을 명문화하는 등 가장 앞장서서 이를 추진하고 있다. 그 배경은 무엇일까? 바로 국가 온실가스 감축 목표 때문이다. 일본은 이 목표를 실현하기 위해 '수소사회 전략'을 구상한 것이다. '수소사회 전략'은 2030년까지 탄소 배출량 저감 26%를 달성하고 2050년까지 탄소 배출량의 80%를 저감하는 것이 목표다. 일본은 2014년 '제4차 전략적 에너지 계획'을 국회에서 의결한 바 있다. 특히 아베 신조 총리가 직접 나서 이 '전략'을 챙기고 있다. 그러니까 2050년 친환경 에너지 시대로의 완전한 전환을 염두에 두고 2030년까지 실행 전략을 세운 것이다.

일본은 2030년까지 자국 내 재생에너지를 활용한 수소제조기술을 확립하고 국제 수소 공급망을 구축해 수소사회를 실현하는 것이 목표다. 에너지원으로 사용하는 수소의 양을 현재 연간 200톤에서 2030년 1,500배 늘어난 30만 톤으로 확대할 계획이다. 장기적으로는 1,000만 톤 이상의 수소를 에너지원으로 사용할 전망이다.

한편 독일의 경우는 경제에너지부에서 2019년 수소연구를 실행할 연구소 20곳을 선정하고 관련 연구에 매년 1억 유로를 투입한다고 발표했다. 페터 알트마이어 경제에너지부 장관은 독일이 수소 분야에서 "세계 1위가 되는 것이 목표"라며 전폭적인 지원을 약속했다. 독일 주요 에너지 기업들도 수소 연구에 투자해 수소경제로의 전환에 힘을 보태고 있다. 세계적인 전기전자기업 지멘스는 3,000만 유로를 들여 독일 괴를리츠에 수소연구소를 세우기로 했고, 에너지기업 에온은 회사는 천연가스 배관 시스템에 수소를 적용하는 방안을 모색하고 있다.

네덜란드도 북부 지역에 해상풍력발전과 육상 태양광의 신재생에너지를 기반으로 2050년까지 수소를 대량 생산해 지역의 친환경화를 주도한다는 계획이다. 네덜란드 정부는 향후 10년간 수소 전환에 28억 유로를 투입해 100㎿ 수소 에너지 생산시설을 구축하고 1만 5,000여 개의 관련 일자리를 창출한다는 목표를 세웠다.

우리나라도 2019년 1월 '수소경제 활성화 로드맵'을 발표했었고, 이후로 우리의 수소 기술을 국제표준으로 만들어 글로벌 시장을 선도하고자 '수소경제 표준화 전략 로드맵'을 수립했다. 이어 정부는 880억 원의 추경을 편성해 수소차 보급 및 수소충전소 확산을 촉진하는 동력에 힘을 실었다. 또한 수소경제에 대해 국민의 막연한 불신을 해소하고자 세계 최초로 국회에 수소충전소를 개소해 많은 호응을 얻은 바 있다. 또한 '미래차 산업 발전 전략'을 발표하고 2030년에 글로벌 경쟁력 1위로 도약한다는 비전을 제시한 바 있다.

이렇듯 우리나라도 인류가 꿈꾸는 친환경 에너지의 사용 환경을 실현하고, 세계의 선진국들과 어깨를 나란히 하기 위해 미래 수소사회로의 항해를 시작했다.

물론 현재는 기술개발 초기 단계로 가야 할 길이 먼 것은 사실이다. 그러나 우리가 전략적으로 수소에너지시대를 열어나간다면 기후변화 문제 해결에 있어 국제사회를 선도하며 에너지 자립이라는 원대한 꿈을 이룰 수 있는 새로운 기회가 될 것으로 기대한다.

인류는 다각적인 환경의 위협 때문에 에너지 문제를 새롭게 고민하고 있다. 인류는 그 답으로 수소를 지목하고 있다. 수소는 인류가 무한히 생산해 사용할 수 있고, 친환경적인 에너지이기 때문이다.

글로벌 수소시장이 구축되면 산업, 기술, 사회 전반에 산업혁명에 버금가는 대변혁이 일어날 것이다. 따라서 수소경제 사회는 좋든 싫든 갈 수밖에 없는 길이다.

"수소는 인류의 미래를 보장하는 약속어음이다. 그 약속이 실패한 모험이나 잃어버린 기회로 무효화되느냐, 아니면 인류와 모든 생물종을 위해 지혜롭게 활용되느냐는 전적으로 우리에게 달려 있다."

미래학자 제레미 리프킨의 저서《수소혁명》의 마지막 글이다. 우리의 지혜로운 선택과 노력의 결과로 펼쳐질 미래 세계를 상상해본다. 태양과 바람으로부터 생산된 전기, 그 전기로 물을 분해해서 생산한 그린수소, 그 수소를 연료로 주입해 달리는 수소차, 그 수소차 운행의 부산물로 다시 물이 생기고, 그 물을 다시 분해해서 그린수소를 생산하는, 친환경에너지가 만들어지는 청정한 미래 세대!

우리 앞에 펼쳐질 미래의 청정 무한에너지, 수소혁명시대를 긍정의 믿음으로 기대해본다.

수소사회를 견인하는 연료전지

돌발퀴즈 하나. 우주에 가장 많은 원소는? 별들의 에너지원이며, 미래 에너지로 주목받고 있는 원소? 답은 수소다. 수소는 주기율표의 첫 번째 자리에 있으며, 가장 가벼운 원소이고, 우주 질량의 약 75 %를 차지하는 가장 풍부한 원소다. 수소는 말 그대로 물을 만드는 원소다. 수소가 만드는 물은 생명계에 필수적이다.

수소로 전기를 만들 수도 있는데, 원리는 간단하다. 우리가 중·고등학교에서 배우는 물의 전기분해의 역반응이다. 물을 전기분해하면 수소와 산소가 발생한다. 역으로 수소와 산소를 반응시키면 터빈 등 발전장치의 도움 없이도 전기가 생산된다. 이러한 장치를 연료전지라고 한다.

연료전지는 '전지'라는 말이 붙어 있지만, 일반적인 전지와는 다르다. 일반적인 전지는 한 번 쓰고 버리는 1차 전지와 다시 충전해서 쓰는 2차 전지로 구분되는 반면, 연료전지는 연료만 공급되면 계속 사용할 수 있다. 연료전지의 발전 효율은 40~60% 정도로 대단히 높은 편이다. 반응 과정에서 발생되는 배출열까지 이용하면 전체 연료의 최대 80%까지 에너지로 바꿀 수 있다. 또한 다양한 연료를 사용할 수 있어서 에너지원을 확보하기 쉽고, 연료를 태우지 않기 때문에 친환경적이다. 대표적인 환경 문제인 이산화탄소 배출량도 석탄화력발전의 3분의 1 정도이며 소음 역시 적다는 장점이 있다.

한편 수소의 단점으로는 저장하기 어렵고 운반이 어려우며 폭발의 위험이 있다. 그러나 연료전지차는 내연기관차나 전기차, LPG차에 비해 훨씬 안전한 편이라 한다. 그리고 연료전지차에 들어가는 연료탱크는 700기압에도 견딜 수 있어 7,300톤의 에펠탑을 올려놓아도 견딜 수 있다고 한다.

연료전지는 크게 수송용, 가정용, 발전용으로 나눌 수 있다.

현재 수송용 연료전지 분야가 가장 적극적으로 연구되고 있다. 연료전지차를 포함해 선박과 항공 등에서도 연료전지 적용을 위한 인프라에 투자가 이루어지면서 수소산업의 성장을 견인하고 있다.

최근 많은 관심을 받고 있는 연료전지차를 예로 들어보자.

수소를 기본적인 연료로 사용해 전기를 발생시키고, 이 전기의 힘으로 모터를 돌려 구동한다. 물만 배출하고 온실가스의 주범인 이산화탄소나 대기오염의 원인인 미세먼지 등을 전혀 배출하지 않는 '꿈의 자동차'라 불린다.

세계는 연료전지차 시대의 서막을 알리고 있다. 미국, 일본, 독일, 프랑스, 영국 등은 연료전지차시장 선점과 수소충전소 구축에 많은 정부 예산을 지원하고 있다.

미국은 캘리포니아를 중심으로 연료전지차와 수소충전소 보급 확대에 적극 나서고 있다. 캘리포니아는 친환경차 천국이라고도 불리는데, 세계에서 연료전지차와 수소충전소가 가장 많이 보급된 곳이다. 캘리포니아와 연방정부(에너지부)를 중심으로 민관이 파트너십을 맺고 수소차와 충전소 확대에 적극적인 움직임을 보이고 있다.

독일 또한 중앙부처 공동 참여 국가기구를 조직해 수소산업 생태계를 빠르게 진화시켜 나가고 있으며, 일본은 도쿄타워 인근에 수소충전소를 운영하는 등 수요자 중심의 인프라 구축에 앞장서고 있다.

우리나라 역시 연료전지차에 드라이브를 걸고 있다. 2019년 당시 화제가 되었던 연료전지차 관련 뉴스 몇 토막이 기억난다. 2019년 9월 국회 수소충전소의 준공식이 있었다. 세계 최초의 국회 수소충전소인 이곳은 서울의 첫 번째 상업용 수소충전소다. 그해 문재인 대통령도 전용차량을 수소차로 바꿨다. 그리고 비서실 행정차량과 경호처 차량 6대를 친환경 수소차로 구입했다. 또한 2018년 8월에는 프랑스를 국빈 방문한 문 대통령이 파리 중심가인 샹젤리제 인근 거리에서 연료전지차를 타고 손을 흔들며 웃던 모습이 떠오른다. 당시 문 대통령이 탄 차량은 프랑스에 수출한 첫 번째 차량이었다.

2016년 1월 기준 32대에 불과하던 연료전지차 누적 보급대수가 2019년 말 기준 5,083대가 되었다. 2018년 893대 대비해서도 5.7배 증가했다. 연료전지차 수출도 1,724대로 2018년에 비해 2배가량 늘었다. 폭발적인 증가세다. 수소충전소 구축도 속도를 내고 있다. 2019년 9월 세계 최초로 국회에 수소충전소가 들어선 것을 비롯해 2019년에만 34개소의 충전소가 구축되었다. 2018년 대비 2배 이상 늘어났다.

2013년 세계 최초로 연료전지차 상용화를 이룬 현대차는 2030년 연료전지차의 연간 생산대수를 50만 대로 잡고 시장 점유에 매진하고 있다.

그러나 연료전지차의 증가율이 괄목하다고 하지만 아직은 미미한 편이다. 연료전지차는 우리나라 전체 자동차 등록대수(2,368만 대. 2020년 1월 기준)의 0.02%에 불과하며 대략 전기차 보급이 100대(90,701대. 2020년 1월 기준)라면 연료전지차는 아직 5.4대 정도에 불과한 실정이다.

수도권 미세먼지의 원인은 23%가 경유차다. 이는 경유차를 단기, 중장기적으로 연료전지차로만 바꿔도 수도권 미세먼지의 23%를 줄일 수 있다는 단순 계산이 나온다. 따라서 미세먼지 해결을 위해서라도 더욱 화석연료 자동차를 수소차로 전환하는 정부 정책을 강화할 필요가 있다.

가정용 연료전지는 가정에서 사용할 수 있는 소규모 연료전지 발전시스템으로 액화천연가스(LNG)에서 뽑아낸 수소로 전기를 만든다. 가정에서 사용할 수 있도록 작게 만들고 안전성을 높이는 연구가 진행 중이다. 효율을 높이고, 수명을 늘리는 것 등도 풀어야 할 과제다. 연료전지 연구가 활발한 이유는 앞에서 설명한 여러 가지 장점들 때문인데, 실제로 일상적인 사용이 가능하도록 점진적 발전이 진행되고 있다.

우리나라는 2010년 1kW당 5,000만 원 이상이던 가정용 연료전지 가격을 지속적인 지원과 기술개발을 통해 2019년 2,600만 원

수준으로 떨어뜨렸다. 2010년부터 10년간 정부 지원하에 2,988가구에 설치했다. 그러나 아쉽게도 가정과 상업용 소형 연료전지 부문의 기술력은 세계 정상급에 비하면 다소 뒤쳐져 있다. 그동안의 단순한 보급 확대에서 연료전지 특성과 이용조건을 고려해 적정한 장소에 설치하는 등 세심한 설계로 이용자의 편의를 높여야 하는 과제 또한 안고 있다.

발전용 연료전지는 대기업을 중심으로 개발이 이루어지고 있다. 해외 선진국에서는 발전용 연료전지에 엄청난 투자를 하고 있다. 미국은 2019년 기준 전국 총 350MW 규모의 발전설비를 운영 중이다. 애플 데이터센터, 예일대 등 도심, 대학 캠퍼스에도 다수 설치되어 있다.

독일 등 유럽에서도 발전용 연료전지를 대량 공급해 가격 경쟁력을 확보하고 기술을 고도화하고자 박차를 가하고 있다. 세계 시장에서 기술 우위를 차지하기 위한 각국의 치열한 경쟁이 이어지고 있다.

우리나라 사정은 어떨까? 잘 알려져 있지는 않지만 우리나라는 발전용 연료전지의 강국이다. 2019년 6월 기준 전국 44곳에서 총 386MW가 가동 중으로, 발전설비 규모 면에서는 세계 최대 수준을 자랑한다. 2012년 '신재생에너지 공급 의무화' 정책이 시행되면서 본격적으로 설치되기 시작해 2013년에는 연간 68MW 규모가 설치되기도 했다.

2019년 정부가 2040년 국내 연료전지차 누적 보급 290만 대, 수소충전소 1200개소 구축 등을 주요 내용으로 하는 '수소경제 활성화 로드맵'을 발표했다. 여기에서는 그동안 지원제도 미비 등으로 산업성장에 제 속도를 내지 못했던 가정 및 건물용 연료전지 등에 대한 계획도 포함되었다.

발전용 연료전지의 경우 2022년까지 누적 1.5GW 보급, 2040년 15GW 보급을 목표로 하고 있다. 가정 및 건물용 연료전지는 2022년까지 누적 50MW 보급, 2040년 2.1GW를 보급한다는 목표를 가지고 있다.

이러한 로드맵에 제시된 보급계획을 이행하기 위해서는 정부의 계획이 단순한 보급 계획에서 나아가 체계적인 정책 이행 계획이 수반되어야 실질적인 산업 발전으로 이어질 수 있다. 정책 지원을 적극적으로 활용해 연료전지의 초기 경제성을 확보할 수 있도록 산업 육성을 위한 효과적인 사업전략 수립과 실행을 위한 준비를 철저히 해야 한다.

연료전지는 전기와 물을 동시에 얻을 수 있어서 우주개발 분야에서 가장 먼저 그 필요성을 인정받았다. 1969년 인류 최초로 달에 착륙한 아폴로11호가 연료전지를 사용한 이후 우주왕복선 선내의 전기와 음료수를 공급하는 역할을 하고 있다. 산업에서는 1970년대에 미국에서 호텔이나 병원의 발전기로 도입되기 시작했고, 1994년에는 다임러벤츠(현재 다임러클라이슬러)사가 연료전지자동차를 발표했다. 그만큼 연료전지는 이미 오래 전부터 연구가 진행되어 온 분야다.

때문에 다른 신재생에너지에 비해 단기간의 투자로 가정이나 산업현장에서 사용할 수 있는 발전기가 나올 가능성이 높다. 또한 다양한 분야에 적용 가능하다는 장점이 있다. 한 대기업에서는 친환경 연료전지를 적용해 관리비를 40% 가량 대폭 줄인 타운하우스를 선보이기도 했다.

연료전지는 앞서 언급했듯이 기술의 상용화가 이루어지고 있는 과정에 있다. 그만큼 연료전지 분야는 연구 인력뿐만 아니라 기능직과 생산직의 인력 수요도 지속적으로 발생할 것으로 예상된다.

석탄에너지 시대가 지나고 새로운 에너지원으로 수소를 사용하기 위해서는 연료전지의 발전이 필수적이다. 따라서 우리에게 펼쳐질 수소사회 성장을 견인하는 연료전지에 대한 더 많은 관심과 발전 노력이 절실히 필요한 때다.

2020
신재생에너지 보급시책

2020년 우리나라 주요 신재생에너지 보급시책은 정책수단을 기준으로 크게 보조융자, 의무화, 시장기능 비즈니스 모델로 나눌 수 있다.

보조융자에는 주택·건물·지역·융복합지원사업, 시설자금, 생산자금, 운전자금, 해외진출자금의 금융지원(장기저리융자)이 있고, 의무화에는 공공건물 신·증·개축 시 설치의무화, 50만kW 이상 발전사업자에 대한 RPS(Renewable Portfolio Standard : 신재생에너지 의무할당제)제도, 석유정제업자 및 수출입업자에 대한 RFS(Renewable Fuel Standard : 신재생연료 의무혼합제)제도가 있다. 시장기능 비즈니스 모델은 태양광 대여사업, 친환경에너지타운, 주민참여형 발전사업으로 구분할 수 있다.

우리 일상생활과 밀접한 주요 신재생에너지 보급시책 내용을 좀 더 상세히 살펴본다면 첫째는 주택지원사업이다. 이는 주택에 신재생에너지설비 설치 시 총 설치비의 일부에 보조금을 지원하는 사업이다.

지원대상은 기존 및 신축 주택 소유자 또는 소유예정자로, 지원기준은 최대 3kW까지 지원이 가능하다. 태양광 예산으로 2020년 약 410억 원이 책정되어 있다. 예를 들면 태양광 3kW 설치 시 총 설치비는 502만 원이 드는

데, 보조금 251만 원에 자부담 251만 원이면 설치가 가능하다. 신청자는 에너지공단에서 참여기업으로 승인된 업체에서 시공해야 보조금이 지급된다. 추진 절차는 다음과 같다.

둘째, 태양광 대여사업이다. 일단 대여사업자가 주택에 태양광 설비를 설치하고 주택 소유자는 매월 대여료를 지불하여 태양광 발전설비를 사용할 수 있는 제도다.

7년 기본약정 후 8년 연장계약이 가능하다. 지원대상은 기존 및 신축 주택 소유자 또는 소유예정자이며, 2020년 기준 총 1만 가구 정도에 지원할 계획이다. 대여료는 기본약정으로 3kW 기준 월 3만 9천 원으로 약정기간은 7년이다. 연장약정할 경우 3kW 기준 월 1만 3천 원으로 기본약정 종료 후 8년이다. 약정기간 종료 후 소유권 이전이 가능하다. 추진 절차는 다음과 같다.

셋째, 융복합지원사업을 들 수 있다. 이는 특정지역에 주택, 상업·공공건물 등 다양한 건물 또는 다양한 신재생에너지원 설치 시 사업비를 지원하는 사업이다. 설치비의 50% 이내를 지원한다. 지원대상은 지자체, 공공기관, 설치기업, 민간 등이 합동으로 구성한 컨소시엄이다. 지원비율은 변경 가능하지만 대체로 국가 50%, 지자체 30%, 자부담 20% 정도다. 추진 절차는 다음과 같다.

넷째, 건물지원사업이다. 사무실이나 상가 등의 건물에 신재생에너지 설비 설치 시 총 설치비의 일부에 대해 보조금을 지원하는 사업이다. 주택, 지자체 소유관리 건물 등은 제외한다.

지원대상은 태양광, 태양열, 연료전지 등을 에너지원으로 이용하는 건물이며, 태양광 지원기준은 최대지원용량 50kW 이하 시 보조금 단가는 계통연계 기준 94만 원/kW이다. 참여기업은 에너지공단에서 지원사업을 위해 선정한 시공업체 중에서 선택해야 한다. 추진 절차는 다음과 같다.

다섯째, 지역지원사업이다. 이 사업은 지역특성에 맞는 신재생에너지 보급을 통해 에너지 수급여건 개선, 지역경제 발전을 도모하고자 지방자치단체에서 추진하는 사업을 지원한다.

지원대상은 지방자치단체가 소유 또는 관리하는 건물·시설물, 사회복지시설 중 지방자치단체가 소유자로부터 신청권을 위탁 받은 건물이다. 지원비율은 국가가 45% 이내, 지자체가 55% 이상이다. BIPV(Building Integrated Photovoltaic System : 건물일체형 태양광발전 시스템)는 70% 지원한다.

대표적인 추진 사례로는 창원의 해양솔라타워를 들 수 있다. 건축 연면적 6,336㎡, 높이 136m의 타워에 71억 8천만 원을 지원해서 600kW 태양광(타워 450kW, 옥상 150kW)을 설치했다. 태양광 전력생산을 통해 전기를 자급하고, 벚꽃축제 등에 활용하며 신재생에너지 홍보 및 저변확대에 기여하고 있다.

여섯째, 공공기관 설치 의무화 제도다. 공공기관이 건축물 연면적 1,000㎡ 이상 신축, 증·개축하는 경우 예상 에너지사용량의 일정 비율 이상을 신재생에너지로 의무 공급하는 제도다. 2020년까지 1,000㎡ 이상 건축물에 예상 에너지사용량의 30% 이상을 신생에너지로 공급하는 것이 목표다.

대표적인 추진 사례로는 2016년 판교테크노밸리 산학연R&D센터가 있다. 태양광 250kW, 태양열 119㎡, 지열 800RT 등을 설치했다.

일곱째, 금융지원사업이다. 이 사업은 신재생에너지 이용 및 생산시설에 장기저리의 정책자금을 융자 지원한다.

농촌 태양광 금융지원의 경우 지원대상은 태양광 500kW 미만의 농업인, 어업인, 축산인으로, 농업인은 1천㎡ 이상의 농지를 경영하거나 경작해야 한다. 거주지 읍면동 또는 연접한 읍면동 또는 직선거리 5㎞ 이내에 발전소를 건설하는데, 공고일 기준 주민등록이 1년 이상 되어야 한다. 지원조건은 사업비의 90% 이내, 5년 거치 10년 분할 상환, 분기별 변동금리를 적용한다. 참고로 2019년 기준으로는 0~200kW 미만 90%, 200kW~500kW 미만은 70% 지원했다.

대표적 추진사례는 2016년 GS영양풍력 ESS(Energy Storage System : 에너지저장시스템)프로젝트사업으로 100억 원을 융자 지원했는데, 세계 최대급 풍력연계형 ESS설비를 보유하고 있다.

마지막으로, RPS(Renewable Portfolio Standard : 신재생에너지 의무할당제)제도가 있다. 이는 신재생에너지 공급의무자인 발전사에게 신재생에너지 의무공급량을 할당해 시장에 보급하도록 하는 제도다.

여기에서 신재생에너지 공급의무자라 함은 500MW 이상 발전설비 보유사업자로 총 발전량의 일정비율 이상을 신재생에너지로 의무 공급하도록 정하고 있다. 2020년도 공급의무자는 한국수력원자력, 한국남동|중부|서부|남부|동서발전, 지역난방공사, 수자원공사, SK E&S, GS EPS, GS파워, 포스코에너지 등 22개사다. 신재생에너지 공급의무비율을 2023년까지 10% 달성하는 것이 목표다.

의무공급량은 공급의무자의 신재생 발전량을 제외한 총발전량에 의무비율을 곱한 양이다. 조달 형태별로 자체건설, 자체계약(선정계약 포함), 현물거래로 구분하며, 불이행량 발생 시 기준가격의 1.5배 범위에서 과징금을 부과한다.

이밖에 상세 내용은 한국에너지공단 신재생에너지센터 홈페이지(www.knrec.or.kr)를 참조하기 바란다.

지구온난화의 주범이 수소에너지로

지구온난화, 미세먼지 등 각종 기후변화의 원인이 자동차나 발전소에서 나오는 오염물질과 온실가스라는 것은 익히 알려진 사실이다. 때문에 최근 신재생에너지와 같은 청정에너지가 주목받으며 보급이 확대일로다. 이에 최근 기후변화를 일으키는 주범인 이산화탄소에서 수소에너지를 생산하는 기술이 개발되어 세간에 주목을 받고 있다.

이산화탄소는 발전 에너지, 철강, 석유화학, 반도체 등 다양한 산업 현장뿐 아니라 인간의 활동영역 어디에서나 발생하고 있다. 이에 국내 연구진이 이산화탄소를 물에 녹여 수소와 전기를 얻을 수 있는 기술을 새롭게 개발했는데, 지구온난화의 주범인 이산화탄소를 없애는 동시에 전기와 유용한 수소 자원을 만들 수 있다.

기체 상태의 이산화탄소는 화학적으로 안정되어 있어 다른 물질로 변환하기 어렵다. 그러나 물에 녹으면 그 물은 수소이온이 많아져 산성을 띠고 전자들이 이동하면서 전기 에너지가 만들어진다. 이는 물에 녹인 이산화탄소를 활용해 작동하는 일종의 전지로 볼 수 있다. 전기화학반응 과정에서 이산화탄소는 사라지고 수소와 전기가 만들어지는 방식이다.

또 다른 방법으로는 플라즈마 탄소전환장치를 활용해 이산화탄소, 메탄 등의 온실가스에서 수소를 추출하는 것이다. 이 방식은 이산화탄소를 포집해

재활용하고 미세먼지까지 잡아주어 상당한 기대를 모으고 있다. 플라즈마는 기체 상태의 물질에 지속적으로 열을 가해 이온, 전자, 중성입자 등으로 나뉘어 자유롭게 움직이는 상태의 물질을 가리킨다. 플라즈마에 높은 온도와 압력을 가하면 분자 구조가 단단한 이산화탄소를 분해할 수 있다.

기술개발 공정을 살펴보면, 먼저 화력발전소의 연소 배연가스를 냉각한 후 이산화탄소를 포집한다. 포집된 이산화탄소는 플라즈마 반응기에서 메탄과 결합해 합성가스로 전환된다. 이 합성가스는 가스 분리기를 통하면 수소와 일산화탄소가 생성되고, 이것이 FT 반응기를 통하면 왁스(Wax)가 생산된다. 음식물쓰레기 처리장에서 발생하는 이산화탄소와 메탄을 혼합해 플라즈마 탄소전환장치에 투입하면 이산화탄소와 메탄이 분해됨과 동시에 수소와 일산화탄소를 순도 99.99% 이상으로 얻을 수 있다.

기존 방식과 달리 이산화탄소 발생 없이 온실가스에서 직접 고순도 수소를 얻을 수 있다는 점이 주목할 만하다. 이를 통해 온실가스인 이산화탄소와 메탄을 원료로 활용하고 동시에 온실가스 저감효과를 볼 수 있다.

대구시, 한국가스공사, ㈜GIR 등 9개 기관·기업으로 구성된 '대구시 서구 음식물쓰레기 처리장 온실가스 자원화사업' 컨소시엄은 음식물쓰레기에서 발생하는 온실가스 3,000톤을 분해해 수소를 확보할 예정이다. 이는 연간 수소 전기차 600대가 이용할 수 있는 양이다.

기후변화를 일으키는 온실가스 이산화탄소에서 친환경 수소에너지를 만들 수 있다니, 앞으로 더욱 꾸준한 연구를 통해 하루빨리 보급이 활성화될 수 있기를 기대해본다.

출처: 한국에너지공단 네이버 블로그

미래 에너지 신산업

똑똑한 에너지 관리 시스템에 세계가 주목하고 있다.
에너지 수요를 합리적으로 줄이고 조절하는 스마트한 사물인터넷이
에너지 세상의 미래를 바꾸고 있다.

part 5

우리가 만들어야 할 세상

〈인터스텔라〉와 에너지 융복합

요즘 야외활동하기 어떠신지? 예전에야 1년 중 한 번 있는 봄의 불청객 황사로 인해 야외활동에 불편함을 겪는 경우가 간혹 있었다. 허나 요즘은 봄철 황사뿐 아니라 미세먼지, 초미세먼지 덕분(?)에 연중 건강을 걱정하고 불편함을 감수해야 하는 세상에 우리는 살고 있다.

지난 2014년 국내 개봉된 크리스토퍼 놀란 감독의 〈인터스텔라〉라는 영화가 생각난다. 1천만 관객을 돌파하면서 SF영화로는 보기 드물게 선풍적인 인기를 끌었다. 대략적인 줄거리는 다음과 같다.

지난 20세기에 인류가 범한 잘못이 전 세계적인 식량 부족을 불러왔고 세계 각국의 정부와 경제가 완전히 붕괴된다. 인류는 모래와 먼지로 가득한 황사 때문에 숨을 쉬기 어렵고 식량도 곧 사라질 위기에 처한다. 이때 시공간에 불가사의한 틈이 열리고 남은 자들에게 이곳을 탐험해 인류를 구해야 하는 임무가 주어진다. 사랑하는 가족들을 뒤로 한 채 인류라는 더 큰 가족을 위해 그들은 희망을 찾아 우주로 나아간다. 우주에서의 모험을 그린 환상적인 소재의 영화였다.

최근 중국발 황사와 미세먼지가 한반도 전역에 급격히 증가했고 마스크 없이는 외출이 불가능할 정도의 대기상태로 인해 불편을 겪는 날이 부쩍 늘어나고 있다. 우리가 영화 속의 지구로 들어온 것은 아닌가 하는 착각을 불러일으킬 정도로 사태가 점점 심각해지고 있다면 지나친 표현일까?

국립환경과학원에 따르면 미세먼지는 1천 분의 10mm보다 작은 먼지를 말한다. 초미세먼지는 1천 분의 2.5mm. 즉 우리 머리카락의 약 30분의 1 정도다. 그나마 눈에 보일 정도의 뿌연 먼지는 큰 축에 속한다.

미세먼지는 주로 화석연료의 연소 과정과 자동차의 배기가스 등에서 발생된다. 대기 중의 황사나 암모니아, 유기화합물질 등과 반응해 인체에 치명적인 해를 끼친다. 미세먼지는 에너지 과다 사용에 따른 환경파괴의 영향이라는 것이 전문가들의 일반적인 견해다. 이에 따라 세계 각국에서는 에너지효율을 높이고 화석연료의 사용을 줄이기 위한 노력을 지속적으로 실천하고 있다.

유럽의 경우 10년 내 석탄발전소의 최대 3분의 1을 폐쇄할 계획이다. 독일 정부는 일본 후쿠시마 원전사태 이후 재생에너지법을 개정해 재생에너지의 발전비중을 2025년까지 40~45%, 2035년까지 55~60%로 확대하기로 했다.

중국과 미국도 석탄발전소의 확대를 줄이고 고효율 제품과 신재생에너지 보급 확대 정책에 힘쓰고 있다. 일본의 경우도 원전사태 이후 기존 에너지원의 안정성 문제를 검토해 에너지효율 향상과 신재생에너지 보급을 동시에 고려하는 에너지 계획을 발표한 바 있다. 세계 각국은 이를 실현하기 위한 방편으로 에너지와 정보통신기술(ICT)을 융합한 에너지신산업을 육성하는 데 힘을 기울이고 있다.

우리나라도 예외는 아니다. 우리 정부도 2035년까지 수요관리 중심의 에너지정책전환과 분산형 발전시스템 구축 확대를 통한 전력수요 15% 절감, 분산형 전원 15% 확대 등 에너지효율 향상을 위한 노력을 기울이고 있다. 또한 대기오염 개선, 온실가스 감축 등 기후변화 대응을 위해 기존 화석연료에서 벗어나 안전하고 깨끗한 신재생에너지 중심으로의 에너지 대전환을 추진하고 있다. 우리 정부는 현재 약 7%에 불과한 재생에너지 발전 비중을 오는 2030년까지 20%로 늘리는 것을 목표로 '재생에너지 3020 이행계획'을 발표했고, 이를 적극 추진 중이다. 이행계획 목표 달성을 위해서는 주민수용성과 입지규제 등 재생에너지 보급에서 발생하는 애로사항을 해결함과 동시에 에너지 전환을 가속할 수 있는 에너지 플랫폼이 뒷받침되어야 한다.

여기에 4차 산업혁명의 핵심 기술로 꼽히는 AICBM(AI, IoT, Cloud, Big Data, Mobile)을 융복합한 에너지 플랫폼 구축으로 에너지 전환을 가속화할 수 있다.

이 중에서도 에너지신산업 창출의 핵심은 에너지 빅데이터라고 할 수 있다. 빅데이터는 에너지 절감은 물론 효율적인 에너지 수요 관리를 가능하게 한다. 공장과 건물 등 주요 부문에 센서를 설치해 전기·가스 등의 에너지 사용량 및 설비 효율 등의 데이터를 실시간으로 수집한다. 그리고 이를 분석해 체계적으로 공장·건물의 에너지를 관리한다.

독일의 세계적인 전기전자기업 지멘스는 IoT 기술과 센서를 활용해 실시간으로 공장 운영 현황과 생산 공정을 분석하는 스마트공장 플랫폼을 구축했다. 제품의 불량률이 낮아지고 생산성은 8배 상승한 데다 30%의 에너지 절감률을 보였다.

일본의 자동제어기업 아즈빌사는 복합업무빌딩에 1,000여 개의 센서를 설치해 연간 관리비용의 63%를 절감하는 효과를 냈다. 이를 바탕으로 600여 개사에 에너지 관리 서비스를 제공하고 있다.

국내 정보기술(IT) 기업도 정보통신기술(ICT)을 활용한 에너지통합관제센터를 구축하고 건물 및 산업체의 에너지 사용 패턴을 분석해 에너지 비용을 기존 대비 61%까지 절감한 것으로 나타났다. 이 기술을 국내 건물의 10%에만 적용해도 원전7기 규모의 에너지 절감이 가능하다.

한편, 신재생에너지와 정보통신기술(ICT)이 융복합하면 최적의 설비 설계와 설치에 대한 사업자 지원이 가능하다. 미국 구글의 선루프 프로젝트와 제너럴일렉트릭(GE)의 디지털 윈드팜은 대표적인 사례라 할 수 있다.

구글이 추진하는 선루프 프로젝트는 태양광설비를 설치하는 소비자가 구글 맵에 주소와 전력소비량을 입력하면 각 주택의 일조량과 설치 가능한 태양광 패널의 크기, 전기요금 절감액을 산출해준다.

GE의 디지털 윈드팜은 풍력발전기에 센서와 클라우드, 빅데이터 분석 시스템을 결합한 차세대 모델을 개발해 실제 건설될 발전소의 최적의 설계와 설비 운영을 지원한다. 기존 풍력발전기 대비 전력 생산의 20% 증대 효과를 얻을 수 있다. 클라우드 기반의 소프트웨어를 활용해 각지에 흩어져 있는 소규모 신재생에너지 발전 설비와 에너지저장 장치(ESS)를 하나로 묶는 사업은 이미 상용화되고 있다. 그리고 가상발전소(Virtual Power Plant) 역시 등장한 상태다.

가상발전소(VPP)란 클라우드와 사물인터넷(IoT)을 활용해 분산된 에너지 전원을 하나의 발전소처럼 관리·운영할 수 있는 시스템이다. 테슬라가 호주에 최소 5만 가구 규모의 태양광 설비와 배터리·스마트미터(전자식 전력량계)를 설치하고 세계 최대 VPP 구축을 추진하고 있다.

영국은 개인 간 전력거래가 가능한 웹기반 플랫폼 피클로의 시범사업을 완료하고 서비스를 확대하고 있다. 이처럼 VPP·블록체인 기반 에너지 플랫폼 확대를 통해 신재생에너지 중개시장의 활성화와 자유롭고 유연한 전력시장 체계를 형성할 수 있다.

드론 역시 에너지산업의 변화를 이끌고 있다. 드론을 통해 태양광발전 이상 유무를 모니터링하고 광범위한 데이터를 수집한다. 또한 무선통신 기능을 탑재한 드론을 통해 사람이 위험한 관리선을 직접 타지 않고 해상 풍력발전 현장을 점검할 수 있다. 드론을 신속하고 광범위하게 활용할 수 있으면서 발전 효율 향상과 안전성을 확보해준다.

지능형 신재생에너지 전력망 구축에도 ICT를 활용할 수 있다. 신재생에너지와 ESS(Energy Storage System)·전력망을 연계해 스마트 전력망을 구축한다. 분산 전원을 네트워크로 연결, 실시간 모니터링해 발전량을 분석하고 예측·제어할 수 있다. 이러한 스마트 전력망은 신재생에너지 발전의 문제점으로 지적되는 날씨 등 외부 요인에 따라 좌우되는 간헐성과 변동성을 해결할 수 있다.

일본은 대규모 지진의 영향으로 스마트 전력망이 빠르게 확산되고 있다. 2024년까지 모든 가구에 스마트미터를 보급하는 정책을 수립하는 등 인프라 개발 및 상용화를 촉진하고 있다.

기후변화시대를 맞아 효율적인 에너지 사용이 요구되고 있다. 스마트한 에너지 관리 프로그램과 발전된 과학 기술은 재생에너지 보급을 촉진시키고 에너지 전환의 속도를 증가시킬 것이다. IT 기술과 결합한 신재생에너지는 다양한 이해관계를 충족시키는 발전 시스템으로 미래 우리 에너지 시스템을 이끌어 나갈 것으로 전망된다.

또한 블록체인, 에너지 솔루션 사업 등 IT 기술을 기반으로 하는 에너지 신사업모델이 속속 등장할 것이다. 이에 따라 에너지 관련 직업 및 직종도 지금과는 많은 변화를 보일 것으로 예측된다. 다양한 에너지 기술이 발전하면서 에너지산업의 서비스화도 급속히 확대되고 있는 추세다.

요즘의 미세먼지와 황사현상을 보면서 영화 〈인터스텔라〉처럼 미래의 우리는 지구에서 거주하기 힘들어질 수도 있다는 경각심을 가져본다. 이와 더불어 이제는 에너지와 ICT 융복합에 대한 체계적인 로드맵 수립과 적극적인 기술개발을 최대한 활용해, 에너지효율 향상과 신재생에너지 보급, 확산이라는 미래지향적인 에너지 패러다임을 이끌어가야 한다.

많은 학자들이 ICT의 융복합(Convergence)이 향후 에너지 분야의 트렌드이자 먹거리의 원천 키워드가 될 것이라 한다. 우리나라의 앞선 ICT가 에너지기술과 결합하면 어느 나라보다 빠르게 스마트 에너지시대를 구현할 수 있을 것이다.

4차 산업혁명시대 친환경 에너지 솔루션 개발과 ICT의 융합은 세계적 흐름이기에 이에 대한 우리 정부의 과감한 지원과 투자도 지속적으로 이루어져야 한다. 또한 이를 위해 산학연이 함께 적극 노력해야 할 때다.

에너지, 내 안에 있다

최근 전 세계적인 기후위기 문제에 봉착한 인류. 지금 지구는 화석연료 사용을 줄이고 환경 친화적이며 지속 가능한 에너지원을 확보하기 위한 노력이 전방위적으로 이루어지고 있다. 그중 신재생에너지 개발·보급이 대표적이다. 그러나 다른 한편으로는 기계화, 자동화, 인공지능 같은 단어들을 기술문명의 발전으로 받아들이는 현대사회의 흐름에 역행하는 에너지 생산수단(?)이 있다.

그것은 바로 사람의 힘, 인간동력이다. 다소 생뚱맞은가? 아니다! 사람의 힘만으로 비행하고자 했던 레오나르도 다빈치를 생각해보라. 인체로부터 동력을 얻고자 하는 시도는 인류문명만큼이나 오래되었다.

인간동력이란 인간이 근육을 사용해서 만든 운동에너지를 전기에너지로 전환해 활용하는 것을 말한다. 그러나 현대사회에서 인간동력이란 괴짜 발명가들의 취미 정도로 여겨져 왔다. 현대인의 근육은 점점 헬스클럽에서만 사용되는 퇴화기관이 되어가고 있다.

다소 오래된 기억이지만 지난 2008년 SBS스페셜 〈인간동력 당신도 에너지다〉라는 다큐멘터리 방송을 인상 깊게 보았다. 그 무렵 담당 PD가 저술한 《인간동력, 당신이 에너지다》라는 책도 매우 재미있게 읽었다. 표지의 '당신의 팔과 다리로 화석에너지를 대체하라!'라는 부제가 눈에 띈다. '석유고갈, 지구온난화, 건강문제를 동시에 해결하는 일석삼조 에너지프로젝트!'라는 책 소개 문구도.

이 책은 대체에너지로서 인간의 힘(Human Power, 인간동력)이 갖는 가능성을 찾아보는 내용이 주를 이룬다. 일반적인 대체에너지원으로 생각하기 힘든, 가장 원초적이고 기본적인 인간의 힘(인간동력)을 에너지원으로 이용하는 여러 가지 사례와 이를 실천하는 사람들의 모습을 보여주고 있다. 그리고 인간동력이 갖는 대체에너지로서의 미래 가능성을 살펴보고, 이에 대한 실천 방안을 제시하고 있다. 다소 과하다 싶은 부분도 있지만 매우 흥미롭고 공감 가는 얘기다.

물론 책에 소개된 여러 가지 인간동력 사례 중 책이 출간된 2008년 이후 햇수로 13년이 지난 현 시점에서 우리 생활 속에 이용되는 제품은 그리 많지 않은 것이 사실이다. 인간동력은 일종의 노동이기에 힘들고 고통이 수반될 수 있고, 현대 자본주의 사회에서 당장 큰돈이 될 수 없어 보이는 것이 주요 이유 중 하나일 것으로 생각된다.

그럼에도 불구하고 우리는 상쾌한(?) 반전을 기대해 볼 수도 있다. 우리가 조금 더 관심을 갖고 이 분야를 연구해 본다면 의미 있고 발전적인 전환을 기대해 볼 수도 있다는 생각이 든다.

사실 잘 설계된 장치를 이용할 경우, 사람의 근력만으로도 1마력(700W) 이상의 동력을 발생시킬 수 있다고 알려져 있다. 이를 우리나라 인구인 5,178만 명에 곱해보면 대략 3,600만kW. 이는 우리나라 최대 화력발전 단지인 보령화력발전단지의 신형 발전소 1기의 발전용량인 100만kW의 36배에 해당하는 실로 엄청난 에너지다. 우리나라 전체 발전설비 용량이 약 120GW(=120,000MW, 120,000,000kW) 수준임을 감안한다면 인간동력이 뿜어내는 에너지가 어느 정도 수준인지 가늠이 된다. 물론 상징적인 수치이기는 하지만 실로 엄청난 양이다.

최근 화석연료나 전기를 사용하는 대신 이 무시할 수 없는 인간동력을 이용해 기계를 작동시키고, 나아가 발전까지 하고자 하는 진지한 시도들이 실제로 이루어지고 있다. 해외의 몇 가지 사례를 보면 다음과 같다.

먼저 일본 도쿄의 '발전마루'. 일본 도쿄역에는 승객이 밟고 지나가면 발전이 되는 계단이 있다. 압력을 전기로 바꾸는 압전소자를 이용한 것이다. 성인 남자가 걸음을 내디딜 때 발뒤축과 바닥면 사이에서 발생하는 충격에너지를 전기로 바꾸면 60W 전구 하나를 반짝 켤 수 있다. 이 원리를 이용해 전기를 많이 쓰는 대도시에서 사람들의 걸음을 이용해 전기를 가장 많이 만들어 낼 수 있는 장소를 생각해 보았다. 아침저녁으로 수많은 인파가 파도처럼 밀려왔다가 사라지는 곳, 바로 지하철역에 '발전마루'를 깔아 전기를 얻는다. 하루 최대 200kW를 생산할 수 있는 것으로 알려졌다.

우리나라도 2011년 부산 서면역에 압전패드를 깔았다. 부산에서 유동인구가 가장 많은 핫플레이스 서면역. 이곳을 사람들이 밟고 지나가기만 해도 전기가 생산된다는 것 아닌가! 생산된 전기는 주로 조명이나 휴대폰 충전 등에 활용되고 있다. 국내 일부 대학에서도 계단이나 보도에 압전 발전기를 설치해 소량의 전기를 생산하고 있다.

홍콩의 한 헬스클럽에서는 자전거에 발전기를 달아 전기를 얻는다. 손님들이 운동하면서 낭비해버리는 에너지를 전기로 만들어 쓰는 것이다. 이는 요즘 우리나라에서도 종종 볼 수 있는 광경이다. 만약 우리나라에 적용해서 서울 시민 모두가 하루 1시간씩 인간동력 헬스클럽에서 운동을 한다면? 하루 시간당 30만kW. 웬만한 화력발전소 1기분의 전력을 만들어낼 수 있다. 이야말로 '티끌모아 태산!' 놀라운 발전량이다.

한 사람이 1년 동안 매일 1시간씩 인간동력 운동기구로 운동하면 1시간당 총 182kW의 전기를 생산할 수 있고, 총 4,380리터의 이산화탄소가 대기 중으로 방출되는 것을 막을 수 있다. 한편 미국 캘리포니아주 팔로알토시에는 14인승 버스사이클이 있다. 인간동력 버스인 이 버스사이클에는 브레이크는 있지만 엑셀러레이터는 없다. 차체 무게 1톤, 정원 14명이 모두 타면 2톤이 넘는 버스사이클을 사람 5명의 힘만으로도 움직일 수 있다. 자전거 페달 하나가 내는 힘은 보통 100W, 페달이 14개 있으므로 100W 엔진 14개가 달린 셈이다. 버스사이클의 엔진은 2마력쯤 된다.

네덜란드 로테르담의 한 댄스클럽은 무대조명을 공짜로 켜고 있다. 네덜란드 기업 에너지 플로어가 설치한 무대 위에서 사람들이 춤을 추면 진동에너지가 전기로 변환되어서다. 열정적으로 발을 구를수록 조명이 더 현란해져 좋은 반응을 얻고 있다. 에너지 플로어는 박물관, 피트니스센터, 공공시설 등으로 이 기술을 확산하고 있다고 한다.

최근 전 세계적으로 환경보호 및 재생에너지에 대한 관심이 커지면서 인간동력 장치에 대한 관심과 연구가 서서히 커져가는 조짐을 보이고 있다. 이에 에너지 절약, 환경보호, 건강증진의 일석삼조 그린에너지 인간동력에 대한 기업차원의 기술개발 및 출원이 활발하게 이루어지고 있다.

특허청에 따르면 국내에서 지난 30년 동안 인간동력을 이용해 전기를 생산, 이용하는 것에 관한 특허출원이 급속도로 늘어나고 있다. 1988~1992년에는 2건에 불과했고, 1993~1997년에 9건이었는데, 1998년부터 2002년까지는 110건, 2003년~2007년에는 121건으로 나타났다. 1998년 이후 대폭 증가하는 추세다. 특히 2008년~2017년까지 10년간 등록된 특허는 1,370건이나 된다. 2014년 이후부터는 연평균 150건 안팎으로 급증하고 있다.

특허청 분류에 따르면 인간동력 장치들은 크게 인간의 근력을 적극적으로 이용하는 발전장치, 보행 등 일상생활 중 무의식적으로 발생되는 '기생전력'을 이용하는 장치, 리모컨과 같은 저전력

기기의 전지 대용 전원으로 사용하는 장치 등으로 나눌 수 있다.

먼저 근력을 이용한 발전 장치. 페달을 돌려 전력이 발생해야만 작동하는 게임기, 회전력을 이용해 발생된 전기로 LED를 점등하는 훌라후프, 압전소자를 이용해 사람이 뛰거나 춤을 추면 전기를 발생시키는 뜀틀같은 운동기구 겸용 발전장치 및 수동식 라디오, 손전등, 휴대전화 같은 자가발전 기기 등이 있다.

일상생활에서 발생하는 기생전력을 이용하는 장치들의 경우는 걸을 때 생기는 상하좌우의 움직임을 전기로 바꿔주는 배낭형 발전기, 보행 시 생기는 전기를 보온 또는 충전용으로 사용하는 신발 발전기, 계단이나 바닥에 설치되어 사람들의 보행에 의한 압력 변화를 전기로 변환해 저장하는 장치, 호흡 시 변동하는 흉압 또는 복압을 이용해 휴대전화기를 충전하는 장치, 시끄러운 곳에 설치해 소리를 전기로 변환하는 장치 등이 있다.

버튼을 누르거나 마우스를 움직이는 동작으로부터 압전소자를 이용한 소량의 전기를 발생시켜 리모컨, 무선 키보드, 무선 마우스와 같은 저전력 기기들의 전원으로 사용하는 발명의 경우는 환경오염을 일으키는 건전지의 사용을 줄일 수 있는 장점이 있다.

이처럼 작게나마 인간동력이 미래 그린에너지의 일부분으로 자리 잡을 것으로 조심스레 전망하는 사람들도 늘어나고 있다.

허무맹랑한 생각만은 아니다. 물론 아직은 인간동력이 화석연료를 대체하는 양은 극히 미미하다. 인간동력을 에너지로 바꾸어 주는 기술과 그 효율이 지금보다는 훨씬 높아져야 할 것이다.

그러나 과거에서 현재까지 인류의 기술발전 속도를 생각해본다면 혁신적 발전이 그리 먼 미래의 꿈만은 아니라 생각된다. 일례로 국내의 압전소자 기술 분야는 과거에 비해 효율을 수십 배 이상 끌어올리고 있다고 하니 말이다. 이렇듯 인간동력이라는 에너지전환을 미래를 여는 고도의 하이테크와 결합해 나간다면 매우 괄목할 만한 성과가 있지 않을까 생각한다.

물론 모든 에너지를 석기시대와 같이 인간으로 대체하자는 것이 아니다. 다만 인간의 힘으로 할 수 있는 것들이 생각보다 훨씬 다양하고 강력하게 활용될 수 있기에 인간동력은 부족한 에너지를 보완하는 수단이 될 수 있다. 따라서 이에 대한 관심과 연구가 더욱 필요하다. 뿐만 아니라 신체에 축적된 과잉에너지(지방)도 소모하므로 다이어트도 될 수 있다는 얘기 아닌가.

상상해본다. 사람들이 잉여지방을 태우기 위해 발전기를 단 운동기구를 이용한다. 발전기를 통해 전기에너지가 만들어질 테고, 이를 성능 좋은 배터리로 저장해 아프리카, 제3세계 아동들에게 구호물품으로 제공할 수 있다면. 그리고 그 배터리로 컴퓨터와 인터넷 혜택을 줄 수 있는 재미있는 상상을.

이와 같이 인간의 힘을 에너지로 활용하는 것은 넓은 의미에서 에너지 하베스팅(Energy Harvesting) 기술에 속한다고 할 수 있다.

에너지 하베스팅이란 일상적으로 버려지거나 사용하지 않은 작은 에너지를 수확해 사용 가능한 전기 에너지로 변환해주는 기술이다. 따라서 에너지 하베스팅의 범위는 대단히 넓다. 앞서 기술한 인체에너지(인간동력)뿐 아니라 진동, 압력, 열, 위치, 빛 등 거의 모든 활동이 에너지원이 된다.

에너지 하베스팅 관점에서 보면 아깝게 사라지는 에너지가 어마어마하다. 발전소의 경우 생산전력의 약 40%만 사용되고 60% 정도는 손실된다. 설비가 낡은 발전소는 손실율이 65% 이상 된다. 자동차의 운행 에너지 효율은 20%에도 미치지 못한다. 나머지는 열과 진동으로 날아가 버린다. 휴대전화 사용 시 발생하는 전파도 3%만 사용되고, 97%는 허공에 뿌려진다. 사람도 마찬가지. 체온이 주변보다 낮으면 열이 빠져나오는데, 깨어 있을 때는 120w 정도, 잘 때는 75w, 가볍게 움직이면 190w가 손실된다. 만약 힘든 운동을 할 때 버려지는 700w의 1%만 전기로 바꿔도 스마트폰 2대 이상을 충전할 수 있다.

에너지 하베스팅이라는 개념은 1954년 미국 벨연구소가 태양전지 기술을 공개할 때 처음 등장했다. 대표적인 에너지 하베스팅 기술로는 태양광을 수집하는 태양전지, 열을 모으는 열전소자, 진동이나 기계적 변위를 전기로 전환하는 압전소자 등이 있다.

특히 압전소자는 다른 소자보다 효율이 높고 작은 기기에 적용하기 쉬워 꾸준히 개발되어 왔다. 최근에는 전선 주변에 생기는 전자기 유도 현상을 이용하거나 와이파이(Wi-Fi)의 전파에너지를 모으는 등 새로운 기술이 잇따라 등장하고 있다.

에너지 하베스팅은 지난 2015년 MIT(매사추세츠공과대학)가 선정한 10대 유망기술, 한국과학기술기획평가원(KISTEP)의 의료, 정보, 에너지, 교육 등 분야에서 미래 우리 사회의 불평등 해소에 기여할 수 있는 10대 유망기술 중 하나로 선정되었다. 에너지 하베스팅은 지구의 에너지 문제를 해결하기 위한 수단으로, 향후 적용 가능성이 무한한 분야로서 연구가 꾸준히 확대될 것으로 보인다.

눈앞에 다가온 전기차시대

그린카(Green Car)에 대해 들어보신 적 있으신지? 요즘 그린카에 대한 내용이 언론에 종종 보도되고 있어 눈길을 끌고 있다.

'그린카'를 명확하게 구분하기는 어렵지만 일반적으로 '친환경차'로 분류되는 차들을 '그린카'라고 불러왔다. 그러나 최근에는 좀 더 세분화된 기준을 갖고 있는데, 대략 네 가지 종류로 구분된다. 플러그를 꽂아 충전하는 전기차(EV), 전기차에 엔진을 추가한 플러그인 하이브리드차(PHEV), 엔진으로 전기를 충전하는 하이브리드차(HEV), 수소와 산소로 전기를 생산하는 수소전기차(FCEV)가 그것이다.

자동차 전문가들은 2020년대까지 하이브리드차, 2030년까지 전기차와 플러그인 하이브리드차, 2030년 이후에는 수소전기차가 상용화될 것이라 전망한다.

현재 우리나라 자동차산업은 기술경쟁력 세계 4위, 생산능력 세계 5위 수준으로 향후 이 분야에 매우 발전 가능성이 클 것으로 전망되고 있다.

그린카가 필요한 이유는 역시 세계 각국에서 온실가스를 감축하고 지구온난화를 막기 위한 노력을 하고 있기 때문이라 할 수 있다. 또한 자동차산업의 지속적 성장을 위해 새로운 유형의 자동차 등장 필요성이 대두되고 있기 때문이다.

그런데 많은 전문가가 세계 각국에서 그린카 중에서도 전기차에 대한 수요가 매우 폭발적으로 증가할 것이라는 전망을 내놓고 있다.

내연기관차의 시대는 가고 이제 전기차의 시대가 다가온다. 전 세계적으로 내연기관차의 판매 금지(노르웨이, 네덜란드, 영국, 프랑스 등), 디젤차 운행 제한(독일 슈르트가르트, 프랑스 파리), 친환경차 의무판매제(미국 캘리포니아주, 캐나다 퀘백주 등) 정책이 시행되고 있거나 시행될 예정이다.

특히 영국 정부는 2035년부터 휘발유와 경유 차량은 물론 하이브리드 차량까지 판매를 금지하기로 했다. 그때부터는 전기차와 수소차만 판매 가능하다. 애초 2040년 예정이었으나 5년을 앞당겼다. 가능하다면 2035년보다 더 앞당긴단다. 영국은 G7 주요국 중 가장 먼저 2050년 순탄소배출 제로를 선언한 국가로, 이 목표를 달성하려면 내연기관차 퇴출을 서둘러야 한다는 입장이다.

또한 전기차의 급속성장 기조 속에서 글로벌 자동차 기업들도 발 빠르게 전기차 전환태세를 갖추기 시작했다. 독일의 폭스바겐은 2030년까지 전 세계 전기차 생산 투자금액의 44%에 달하는 400억 달러를 투입해 300종의 전기차를 개발할 계획이다. 스웨덴의 볼보 또한 2019년부터 내연기관차 생산을 중단하고 2025년까지 전기차 누적 100만 대 판매를 선언했다.

우리나라도 2019년 말 기준 전기차 8만 9천 대를 보급했으며, 2022년까지 35만 대를 목표로 전기차 보급 확산을 위해 노력하고 있다. 그리고 현대기아차도 2025년까지 전기차를 14종으로 확대 개발해 세계 전기차 시장 3위를 목표로 한 야심찬 계획을 수립하고 적극 추진 중이라 한다.

전기차 보급 확대의 의미는 크게 두 가지로 볼 수 있다. 효과적으로 환경 문제에 대응할 수 있다는 것, 그리고 차세대 혁신 성장 동력으로 삼을 수 있다. 그런데 전기차 보급 확대의 관건은 배터리 기술 혁신과 가격하락, 그리고 정부의 지원 정책이다.

첫째, 배터리 기술 혁신. 전기차 이용의 가장 큰 걸림돌은 역시 짧은 주행거리다. 주행 가능 거리가 어느 정도냐는 엔진에 달려 있다. 기존의 자동차는 내연기관, 즉 '엔진'이 가장 중요했다. 엔진은 사람으로 치면 심장이라고 할 수 있다. 그런데 전기차는 바로 그 엔진이 필요 없다. 대신 배터리에 저장된 전기에너지가 모터를 돌려 동력을 얻는다. 핵심 부품이 '부릉부릉' 굉음을 내는 엔진이 아니라 조용한 배터리와 모터가 된다.

최근 전기차 기술 향상으로 배터리 용량이 증대되고 있다고 한다. 하지만 아직도 시판 중인 배터리는 차체에 비해 클 뿐만 아니라 충전 후 사용할 수 있는 시간도 비교적 짧은 편이다. 안정성도 문제다. 자동차는 습도나 온도를 달리하는 다양한 환경에 노출되고 끊임없이 충격을 받기 때문이다. 결국 차세대 전기차의 성패는 배터리에 달려 있다고 할 수 있다.

따라서 크기가 작으면서도 전기에너지 저장력이 뛰어나고, 다양한 주변 환경에도 안정적인 성능을 발휘할 수 있는 배터리를 개발해야 한다. 이 일은 크게 두 가지로 구분할 수 있다. 하나는 많은 횟수로 충전을 해도 배터리의 기능이 떨어지지 않으며, 한 번 충전으로 더욱 먼 거리를 주행할 수 있는 배터리의 기 구성 물질과 재료(리듐이온, 리듐플리머 등)를 개발하는 일이다. 다른 하나는 배터리에 저장된 전기에너지가 모터에 안정적으로 공급될 수 있도록 관리하는 전력시스템을 개발하는 일이다.

실제로 우리나라 공공기관, 대기업 연구소 등에서는 차세대 배터리를 개발하기 위한 연구에 박차를 가하고 있다. 일부 대학교에서는 배터리산업 핵심기술 개발과 인력 양성을 위해 나노신소재공학연구소를 특화해 지원하고 있다.

이러한 정부의 지원과 연구 결과, 현재 1회 충전 시 주행거리 400㎞ 이상까지 돌파가 가능한 국산 전기차가 판매되고 있다 (참고로 1회 충전 시 주행거리 세계 탑10을 보면 테슬라사가 거의 독점하고 있는데, 550~600㎞대에 이르고 있다.). 이처럼 전 세계적으로 미국을 비롯해 EU, 일본, 중국 등 자동차시장을 선점하기 위해 경쟁을 펼치는 나라에서는 그 성공의 열쇠를 배터리 개발에 두고 있다. 특히 겨울철에는 기온이 낮아져 1회 충전 시 주행거리가 급감하는데, 이를 극복하기 위한 기술의 진보가 전기차 발전의 관건이 될 듯하다. 아무튼 배터리가 그린카와 친환경에너지 산업의 성패를 좌우하는 산업으로 거듭나면서 전 세계적으로 배터리 황금시대가 도래하고 있다.

둘째, 가격 문제. 전기차 보급의 걸림돌 중 하나는 높은 가격이다. 이에 대해 우리나라는 국비 최대 1,200만 원을 포함해 156개

지자체가 각각 지방비를 추가로 편성해 구매보조금 지원제도를 시행 중이다. 향후 2022년까지 내연기관차와의 가격차를 감안해 구매보조금을 지원할 계획이다.

마지막으로 지원정책 중 전기차 보급과 함께 확대되어야 하는 것은 전기차 충전 시설이다. 우리나라는 전기차 이용에 불편함이 없도록 하기 위해 우선적으로 전국 단위의 충전 인프라 구축 정책을 적극 추진하고 있다.

2019년부터 2022년까지 급속충전기는 매년 1,500~1,800기를 보급하고 완속충전기는 매년 12,000기를 보급하는 것을 목표로 하고 있다. 아파트 등 공동주택에서의 충전 시설 설치 기준도 강화할 것이다. 신규 아파트에 전기차 충전기를 반드시 설치하도록 하는 기준이 500세대 이상에서 300세대 이상으로 변경된다.

또한 전기차 충전기 설치에 보조금을 지원하고 있다. 한국에너지공단에서 전기차 민간충전사업자에게 충전기 구축비용 일부를 지원한다. 주유소, 편의점, 프랜차이즈, 식당·커피숍 등에 설치 부지를 확보한 민간충전사업자에게 충전기 50㎾ 1기당 최대 1,800만 원을 한도로 구축비용의 50%를 지원한다. 2020년 기준으로 총 지원예산은 47.7억 원, 260기의 공용 급속충전기 구축비용을 지원한다.

한편, 광주, 제주, 경기, 경북(포항, 경주, 구미), 대전, 대구 등 지자체에서도 전기차 민간충전사업자의 투자 부담 완화를 위해 급속충전기 1기당 500만 원에서 최대 1,000만 원까지 추가 보조금을 지원한다.

2016년 1만 1천 대였던 우리나라의 전기차 누적 보급대수는 2019년 12월 기준 8만 9천 대로 최근 3년 동안 약 8배 증가했다. 2020년 상반기에는 10만 대를 넘어설 것으로 보인다. 전기차 가격이 상대적으로 높음에도 불구하고 빠른 성장세를 보이는 것은 앞서 언급했듯이 정부가 다양한 정책적 수단을 이용해 전기차 보급 확산에 노력을 기울여 왔기 때문이다.

그러나 '온실가스 감축, 지구온난화 방지, 기후변화 대응'이라는 전기차 확대보급의 주된 목적에 부합하기 위해서는 전기차 보급과 함께 친환경, 저탄소 발전원으로의 대전환이 이루어져야 한다. 사실 전기차 보급의 확대는 곧 전력 수요의 증가를 뜻한다. 때문에 발전원 중 화석연료의 비중이 높아질 경우 전기차의 보급 확대로 인한 온실가스 배출량이 내연기관차의 온실가스 배출량을 오히려 상회하는 결과를 초래할 수 있다. 역설적인 일이다.

전기차 시장점유율 세계 2위 국가인 네덜란드는 늘어나는 전력 수요를 석탄발전에 의존하고 있어 전기차 보급으로 인해 이산화탄소가 오히려 증가하는 '네덜란드 패러독스' 현상을 경험한 바 있다. 반면에 전기차 시장점유율 세계 1위 노르웨이는 전원믹스 중 수력에너지 비율이 94%여서 내연기관차보다 전기차의 온실가스 배출량이 현저히 적은 것으로 나타났다.

이와 관련해 우리에게 시사점을 주는 기술혁신 사례 한 가지를 들어본다면 세계 최초의 태양광 전기차 '라이트이어 원(One)'의 등장이다.

2019년 《타임》지는 네덜란드의 스타트업 라이트이어가 개발한 세계 최초의 태양광 자동차 '라이트이어 원'을 '올해의 발명품'으로 선정했다. 말 그대로 태양광 발전으로 달리는 자동차다. 또한 공기 마찰을 최소화해 에너지효율을 극대화한 디자인 모델로 단 한 번의 충전으로 약 725㎞를 달릴 수 있다. 그리고 태양광 발전을 통해 달리는 동안 주행거리를 시간당 12㎞까지 늘릴 수도 있다. 전기차에서 한 단계 나아간 태양광 자동차 업계의 유망주자로 주목받고 있다.

이와 같이 전기차 보급 정책이 '온실가스 감축, 지구온난화 방지, 기후변화 대응'과 효과적으로 맞물리기 위해서는 우선적으로 신재생에너지 보급·확산 정책에 맞춰 화석연료 비중을 낮춰야 한다. 다시 말해 궁극적으로 전기차의 발전원(에너지원)이 되는 전력은 친환경적으로 생산되어야 하며, 이는 에너지 전환을 통해 발전부문의 환경성을 강화하는 방향으로 추진하도록 노력해야 한다.

전기차는 여전히 많은 문제를 극복해야 하는 '미래의 자동차'라는 이들도 있다. 그럼에도 불구하고 전기차 개선을 위한 기업의 노력, 기술혁신 그리고 이에 대한 정부의 지원 정책 등이 어우러진다면 전기차 시대는 우리가 생각하는 것보다 빠른 시일 내에 눈앞에 다가오지 않을까 생각한다.

거대 변혁의 물결, 사물인터넷

어린 시절이 생각난다. 지금같이 컴퓨터 게임은 상상도 하지 못했던 시절. 친구들과 방과 후 학교 운동장이나 마을 공터에서 열심히 공을 차는 것이 거의 유일한 놀이였던 시절이다. 그리고 친구들과 가끔씩 하던 장난이 하나 있었다. 검정 색종이에 돋보기로 햇빛의 초점을 맞춘다. 연기가 모락모락 나면서 색종이가 타기 시작한다. 학교 수업시간에 배운 것을 친구들과 실습해 보면서 신기해하던 기억이 새롭다. 이 태양에너지를 이용할 수 있는 날이 올 것인가에 대해 친구들과 얘기하던 시절이 엊그제 같다.

그런데 세상은 벌써 태양광으로 전기를 생산하고 태양열로 물을 덥히고 있다. 이제는 태양과 바람이 만들어낸 에너지를 우리 사회에서 '본격적'으로 사용할 뿐만 아니라, 더 나아가 개별적으로 생산한 에너지를 사고팔 수도 있는 세상이 되었다.

세상은 우리가 재미있게 보았던 SF영화대로 진보하고 있다고 해도 과언이 아니다. 과거에 미래세대를 다룬 영화들에 등장하는 여러 가지 첨단 기기들. 홈 네트워크, 인공지능 로봇, 가상(증강)현실, 무인 자율주행자동차 등이 이제는 현실화되고 있는 것이다.

예를 든다면 2002년 개봉된 영화 〈마이너리티 리포트〉를 보라. 2054년을 배경으로 한 이 영화는 미래 도시와 삶을 세밀하게 묘사해 많은 주목을 받았다. 이 영화의 감독 스티븐 스필버그는 개봉 3년 전인 1999년부터 영화 시나리오 작업을 시작했다. 그는 미래 전문가 10여 명을 미국 서부 캘리포니아주 샌타모니카의 한 호텔로 초청해 2054년 어떤 세상이 올 것인지에 대한 토론을 요청했다. 공교롭게도 같은 해 미국 동부 MIT(매사추세츠공과대학)에서는 〈마이너리티 리포트〉에서 묘사된 세상의 실현이 머지않았으니 미리 대비할 필요가 있다는 논의가 있었다고 한다.

영화 〈마이너리티 리포트〉 속에서는 사람이 쇼핑몰에 들어서면 그의 신상 정보와 심리 상태를 파악한 맞춤형 광고가 나오고 시계 형태 전화기를 통해 통신하는 장면이 등장한다. 또 몸에 부착된 다양한 웨어러블 기기들이 서로 소통하고 모든 차량은 무인 시스템을 통해 작동된다. 모든 사물이 서로 연결되어 누구의 도움 없이 스스로 정보를 획득하고 판단한다면 인간의 삶이 크게 편리해질 것이라는 생각이 들었다.

이를 가능하게 하는 것이 사물인터넷(IoT · Internet of Things)이다. 사물인터넷은 인터넷을 기반으로 모든 사물을 연결해 사물과 사물 간의 정보를 상호 소통하는 지능형 기술과 서비스로, 1999년 MIT(매사추세츠공과대학교)의 오토아이디센터 소장 케빈 애시턴이 처음 사용한 것으로 알려져 있다.

사물인터넷은 기존의 유선통신을 기반으로 한 인터넷이나 모바일 인터넷보다 진화된 단계라 할 수 있다. 인터넷으로 서로 연결된 기기가 사람의 개입 없이 상호 간에 알아서 정보를 주고받아 처리한다. 사물이 인간에 의존하지 않고 통신을 주고받는다는 점에서 일면 기존의 유비쿼터스(Ubiquitous)나 M2M(Machine to Machine. 사물지능통신)과 비슷하기도 하다. 하지만 통신장비와 사람과의 통신을 주목적으로 하는 M2M의 개념을 인터넷으로 확장했다는 점에서 구별된다. 사물은 물론이고 현실과 가상세계의 모든 정보와 상호작용하는 개념으로 진화한 단계라고 할 수 있다.

이런 사물인터넷은 인류의 생활방식을 혁명적으로 바꾸어 놓은 인터넷의 등장 이상으로 세상을 바꿀 것이라 전망된다. 컴퓨터와 센서 기술, 정보통신 기술로 전 세계 대부분의 사물과 사물이 서로 연결되고 이 결과로 인간과 인간이 서로 밀접하게 연결되는 초연결사회로 우리를 인도한다.

최근 언론, SNS 등에 많이 소개되고 있는 스마트홈 시스템을 통해 사물인터넷의 구체적인 활용 사례를 알아보자.

스마트홈 시스템은 가정의 모든 사물을 네트워크에 연결해 제어할 수 있는 서비스라 할 수 있다. 스마트 미디어를 이용해 TV, 에어컨, 난방기기, 냉장고, 음향기기, 전등 등을 원격 접속해 제어할 수 있다. 또한 보안 시스템과 화재 경보 제어 등 홈 자동화 시스템도 구축할 수 있다.

에너지 사용이 많은 시기에 에너지 관리기관은 수요가 적은 밤 시간에는 낮은 요금단가를, 사용이 많은 낮 시간에는 높은 요금단가를 적용하여 에너지 수요를 분산하고 있다. 이때 스마트홈 시스템은 인터넷으로부터 낮은 요금시간에 관한 정보를 받아 세탁기와 건조기를 자동으로 작동시킨다.

생활의 편의성을 올리는 데도 사물인터넷은 큰 역할을 할 것이다. 회사에서 자신의 집을 모니터링해 퇴근 전에 집 안 온도를 쾌적하게 조정한다. 퇴근시간을 감안해 미리 목욕물을 데워 놓는다. 미리 아름다운 음악을 틀어놓는다. 밥솥으로부터 따뜻한

밥이 지어졌음을 알리는 신호를 수신한다. 가습기는 기상청과 네트워크로 연결되어 최상의 습도를 유지해 줄 수 있다. 또한 원격지에서 가정의 보안 카메라를 작동시켜 가정의 안전을 확인할 수 있다. 가정 내외부는 장비를 통해 연결되며, 유무선 솔루션이 통합 운영한다.

사물인터넷이라는 강력한 날개를 단 에너지 기술은 이미 이러한 스마트홈 시스템뿐만 아니라 건물과 공장의 에너지관리, 에너지 공급망 관리, 무인 자율주행자동차, 항공산업 등 수많은 분야에서 연구가 진행되고 있다.

잠시 무더운 여름철을 상상해보자. 매우 더운 여름날 우리는 집이나 사무실, 혹은 학교에서 열심히 일과를 수행하고 있다. 방안에 에어컨이 있다면 시원한 바람을 만끽하며 무더운 날씨와 상관없이 업무에 몰두할 수 있다. 그러나 모든 빌딩과 산업시설에서 냉방을 한다면 국가에서 생산할 수 있는 발전량보다 에너지 소비량이 더 많아질 수도 있다. 지난 2011년 블랙아웃과 같은 대규모 정전사태를 유발할 수도 있다. 이러한 문제를 해결하기 위해 정부에서는 불필요한 에너지 낭비를 줄이자는 적정냉방 준수 캠페인 등 국민이 에너지 절약을 행동에 옮기도록 유도할 것이다. 그리고 매우 급박할 경우에는 산업시설에 대해 일정기간

시설 가동 중단을 권고할 수도 있다.

이러한 방법은 불편하고 비효율적인 측면이 있다. 그러나 이제 우리는 새롭게 등장하는 인공지능, 빅데이터와 연계한 사물인터넷을 이용해 효과적이면서도 불편하지 않게 에너지관리를 할 수 있는 시대를 맞이한다.

건물과 산업 분야에서 에너지관리를 위한 시스템이 구축되고 데이터가 실시간으로 모니터링되고 저장된다. 또한 이를 실시간으로 분석하고 관리하는 것이 가능해진다. 건물에서의 에너지관리시스템은 BEMS(Building Energy Management System)라 하고, 공장에 설치하는 시스템은 FEMS(Factory Energy Management System)라 한다. 선진국에서는 BEMS나 FEMS를 에너지 수요관리에 활용하고자 노력을 기울이고 있다. 우리나라도 마찬가지다. 현재 나날이 발전되고 있는 인공지능, 빅데이터를 활용하는 에너지관리시스템에 사물인터넷 기술을 접목하면서 에너지 절감과 에너지 비용을 획기적으로 낮춘 성공 사례들이 나타나고 있다. 새로운 시장이 열리고 있는 것이다.

수요뿐만 아니라 공급 측면에서도 사물인터넷은 큰 역할을 할 것으로 기대되고 있다. 공급과 수요를 일치시킬 수 있도록 자동으로 관리, 운영함으로써 전력 대란과 같은 문제 해결에도 도움을 줄 수 있다. 사물인터넷은 발전소 모든 부품들의 데이터를 축적하고 이를 분석해 정기적인 예방 정비를 시행함으로써 고장을 미연에 방지한다. 고장 시 고장 지점을 쉽게 찾아낼 수도 있다. 또한 원전 운영 시에도 위험요소 발생을 사전 인지하고 자동 차단해 사회안전망 확보에도 기여할 수 있다. 한계비용이 거의 무료인 신재생에너지 공급·수요를 컨트롤해 지역 분산형 에너지 공급망 구축을 훨씬 수월하게 할 수도 있다.

이미 성숙한 기술은 효율을 단 몇 퍼센트 높이는 것도 어렵다. 하지만 사물인터넷 기반의 새로운 스마트 인프라에서는 비효율성을 제거해 엄청난 생산성과 효율 향상을 이루어낼 수 있다.

미래학자 제레미 리프킨은 저서 《한계비용 제로 사회》를 통해 25년 전에는 거대한 글로벌 네트워크 속에서 수많은 사람들이 스마트폰으로 의사소통을 하는 현재의 커뮤니케이션 중심 사회가 될 것이라는 사실을 믿지 않았을 거라고 말한다.

그렇다. 25년 전까지 만해도 상상할 수 없었던 일이 아닌가. 오늘날 많은 사람들이 스마트폰 없이는 살수 없을 정도로 일상생활에 있어서 혁신적인 변화를 가져온 것이 사실이다. 그리고 그는 앞으로 25년 후, 그 이상 혁명적인 새로운 패러다임으로 에너지 비용이 거의 무료인 에너지혁명을 이야기한다. 현재의 커뮤

니케이션 기술 혁명을 통한 무료 인터넷기술이 그린에너지를 관리해 거의 무료로 사용 가능한 에너지혁명을 가져온다. 사물인터넷이 기술 진보를 넘어서 새로운 시대를 여는 거대한 변혁의 물결이 되고 있다는 의미다. 물론 아직은 현실적으로 볼 때 기술적으로 제도적으로 넘어야 할 산이 많은 것이 사실이다.

이제 우리는 지금까지와는 전혀 다른 차원에서 대비해야 할 때다. 이런 맥락에서 사물인터넷과 인공지능, 빅데이터 등과 에너지기술의 융합이 에너지 분야에 있어서 최적의 시너지 효과를 낼 수 있는 그 해답이 될 수 있다고 많은 전문가들은 지적한다.

인류가 아무리 노력해도 에너지 수요는 공급을 넘어설 수밖에 없다. 이에 '제5의 에너지원'으로 불리는 효율적인 에너지 수요관리, 그리고 '똑똑한 에너지 관리 시스템'에 세계가 주목하고 있다. 이것을 사물인터넷이 점차 현실화시키고 있다. 에너지 산업의 불빛을 밝힐 메가트렌드로 주목받고 있는 사물인터넷. 에너지 수요를 합리적으로 줄이고 조절하는 스마트한 사물인터넷이 에너지 세상의 미래를 바꾸고 있다. 그런 세상에 우리는 살고 있다.

에필로그

우리는 과거 노예제도를 비난한다. 그런데 앞으로 우리 후손들이 현재 우리의 에너지 낭비 문명, 에너지 사용 행태를 맹렬히 비난하게 되는 날이 오지는 않을까? 현대 문명은 노예제도 못지않게 약탈적이다. 우리는 에너지자원을 그야말로 약탈하듯 사용해왔다. 우리가 이미 써버린 자원들 중 대부분은 사실상 우리 후손들의 몫일지도 모른다. 이런 생각이 들때마다 마음이 씁쓸해진다.

그리고 또다시 스웨덴의 10대 환경운동가 그레타 툰베리의 얼굴이 떠오른다. 에너지 사용의 부익부 빈익빈 현상이 현대에 들어 더욱 고착화되고 있음을 보도로 접할 때 특히 그러하다.

2020년 3월, 영국 방송 BBC가 부자들이 기후위기에 대해 더 큰 책임이 있다고 리즈대학교 연구팀이 《네이처 에너지》에 발표한 연구 내용을 보도한 바 있다.

연구 내용에 의하면 가장 부유한 10분의 1은 그들이 어디에 살든 그곳에 있는 10명보다 전체적으로 20배가량 많은 에너지를 소비한다. 영국 시민의 5분의 1이 세계 에너지 소비량의 상위 5%를 차지한다. 영국인 중 가장 가난한 5분의 1 조차도 인도의 하위 10억 인구보다 1인당 5배 이상의 에너지를 소비하는 것으로 나타났다.

이렇듯 에너지자원 고갈에 따른 에너지 소비 빈부 격차 문제, 날이 갈수록 심해지는 지구온난화, 기후변화 문제에 이르기까지 이 책을 통해 나름대로의 견해를 칼럼 형식으로 개진해 보려고 많은 노력을 기울였다.

더구나 책을 출간하기 위해 원고를 다듬고 있는 과정에서 코로나19 팬데믹을 접하면서 에너지 문제에 대해 더욱 많은 생각을 하게 되었다.

"무한한 소비 욕망을 긍정하며 지구 생태계를 파괴하는 자본주의 원칙은 이제 사라져야 한다", "이 같은 과도한 소비 조장 사회가 계속되면 생태 위기와 코로나19와 같은 바이러스도 사라지지 않을 것"이라고 갈파한 칼폴라니사회경제연구소 홍기빈 소장의 주장이 가슴 뜨겁게 다가왔다. "이제는 코로나 이전의 세계는 잊어야 한다"는 주장에 전적으로 동의하고 싶다. 인간의 무한 욕망을 충족하기 위해 과잉 생산하고 과잉 소비하는 우리의 생활 패턴을 이제는 정말 바꾸어 가야 할 것 같다는 생각이다.

아무튼 글을 마무리하며 이 책의 주장을 간략히 요약해본다.

첫째, 화석연료에 의존해온 에너지원을 안전하고 깨끗한 재생에너지로 전환해가야 한다. 그리고 에너지 공급의 양적 확대에 초점을 맞춰온 에너지 수급계획을 효율적 수요관리로 병행해가야 한다.

이와 함께 에너지를 절약, 절제해 나가는 생활 패턴의 전환을 통해 위기 상황을 이겨나가자는 것이다. 20개 칼럼을 통해 일관되게 주장했다.

분명 학자적 견해는 아니다. 하지만 지난 30년간 정부의 에너지 전문 기관 현장에서 보고, 느끼고, 경험한 사실을 기초로 정성껏 열심히 표현해 보았다.

여러모로 부족한 저술이지만 다시 한번 이 책을 통해 많은 사람들이 기후변화와 에너지 문제에 관심을 가지고 오늘의 의미 있는 행동 실천에 나서는 데 조금이나마 도움이 되기를 바라는 마음 간절하다.

끝으로 바쁜 시간 중에도 틈을 내어 좋은 자료를 제공해 주시고 자문해 주신 한국에너지공단 선후배, 동료 여러분께 깊은 감사의 말씀을 드린다.

참고문헌

* 2020년 한국에너지공단 정책설명회 자료
* 한국에너지공단 네이버 블로그
* 한국에너지공단 홈페이지 및 홍보/교육 자료
* 한국에너지정보문화재단 홈페이지
* 《5세대 이동통신》, 정우기, 복두출판사, 2019.
* 《ENERGY TALK》, 박춘근, 에너지관리공단, 2014, 영문판.
* 《KEA 에너지편람》, 2019~2020.
* 《기후변화시대 아낄수록 커지는 에너지이야기》(에너지만평 e-book), 박춘근, 교보문고, 2013.
* 《나의 꿈 나의 에너지를 찾아서!》 (Ver1~3), 박춘근, 한국에너지공단, 2016~2019.
* 《녹색직업이 만드는 세상》, 한국고용정보원 직업연구센터, 2012.
* 《수소 혁명》, 제레미 리프킨, 민음사, 2003.
* 《아낄수록 커지는 에너지이야기》(에너지만평), 박춘근, 산업자원부-에너지관리공단, 2006 / 경기도-에너지관리공단, 2013.
* 《에너지 주권》, 헤르만 쉐어, 고즈윈, 2006.
* 《육식의 종말》, 제레미 리프킨, 시공사, 2002.
* 《인간동력, 당신이 에너지다》, 유진규, 김영사, 2008.
* 《저탄소 녹색성장을 위한 에너지이야기》(에너지만평), 박춘근, 지식경제부-에너지관리공단, 2008.
* 《코드 그린》, 토머스 프리드먼, 21세기북스, 2008.
* 《태양광&풍력발전 바로알기》, 한국에너지공단, 2018.
* 《한계비용 제로 사회》, 제레미 리프킨, 민음사, 2014.